JN029477

はじめに――除草剤の効かせ上手になって除草剤削減へ

雑草は作物の生育を邪魔し、そのままにしておくと見栄えが悪いもの。草取りをラクにするために、除草剤を上手に使いたいところですが、除草剤は種類も豊富で複雑です。うっかり野菜まで枯らしてしまったりすることもあります。

この本では、除草剤のビンに付いているラベルの見方から、そこには書かれていない大切なことまでくわしく解説しています。それらがわかると、いつどんな作物のどの雑草にどのように使えるのか、複雑な除草剤の使い方がよくわかるようになります。

また、近年は、「除草剤が効かない抵抗性を持った雑草」が問題になっています。同じ成分の除草剤を使い続けると、抵抗性を持った雑草が残って増えて、除草剤が効かなくなってしまいます。これを防ぐために、違う成分の除草剤を組み合わせて使うローテーション散布が提案されています。成分の違いがわかる情報（ＲＡＣコード）も掲載しました。

本書は『現代農業』２０２０年６月号「今さら聞けない除草剤の話　きほんのき」の巻頭特集をベースに過去の除草剤に関する記事を加えて再編集したものです。除草剤のラベルに書かれている「剤型」「有効成分」「適用作物や雑草と使用方法」などのことや、ラベルに書かれていない「散布のタイミング」「希釈倍率」「薬害と安全性」といったこと、農家の上手な除草剤の選び方までをまとめました。

本書がみなさんの雑草防除の一助になれば幸いです。

２０２１年５月

一般社団法人　農山漁村文化協会

目次

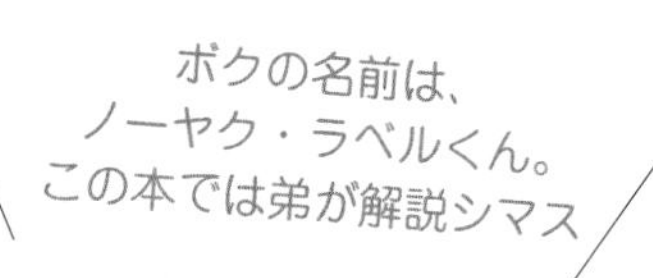

ボクの名前は、
ノーヤク・ラベルくん。
この本では弟が解説シマス

はじめまして！
ジョソーザイ・ラベルくんデス。
除草剤を使ってる人も
使ってない人も見てくだサイネ

第2章　除草剤ラベルには書いてない大事な話

スギナ

Hello

帰化アサガオ類

第3章 もっと知りたいイネの除草剤選び

第4章 もっと知りたいダイズ・ムギの除草剤選び

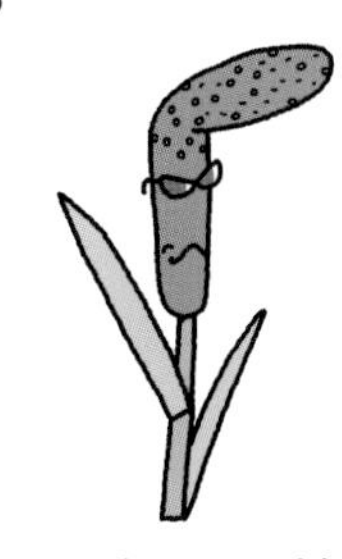
スズメノテッポウ

＊本書に記載した除草剤の適用、HRACコードは2020年3月時点のものです

＊ページは、掲載されている記事の始まりです。

カ

サ

タ

（つづきは8ページ）

作物別・雑草別さくいん

●作物名から

●雑草名から

第1章
除草剤ラベルから読みとく

除草剤のラベルからわかること

除草剤も農薬の一種だから、ボトルや袋のラベルに記載しないといけないことは法律で決まってマス。それにしてもカタカナばっかりで、字が小さいデスネ。

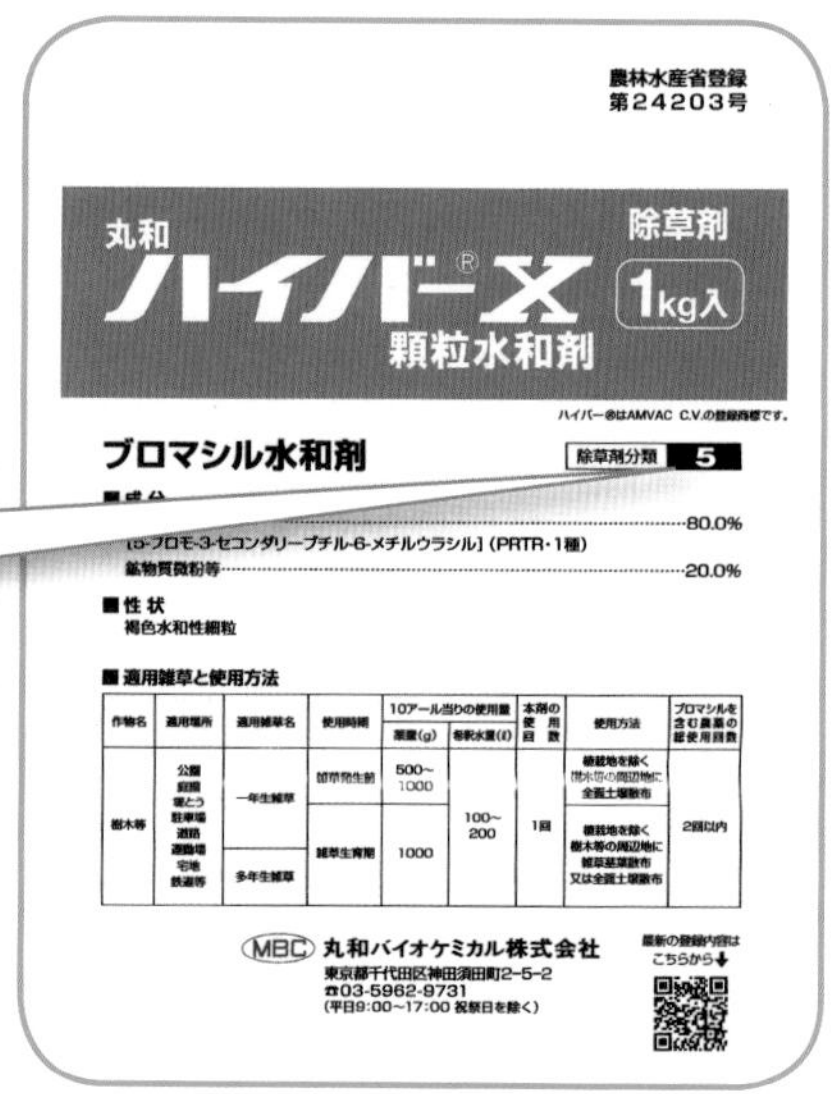

エイチラック H RACコード

除草剤の作用機構分類（効き方の違い）がひと目でわかる記号。表示義務はまだないが、一部のメーカーは記載を始めた

⇒90ページ

農薬の名前（商品名）

商品名からわかることもある

⇒14ページ

一般名（種類名）

有効成分の一般名と剤型がわかる、農薬の本当の名前ともいえる。「グリホサートイソプロピルアミン塩液剤」がこの除草剤の正体だ

有効成分

殺虫剤や殺菌剤と同じく、除草剤の散布回数は成分ごとに数える。商品名は違うけど中身は一緒という除草剤もあるから要チェック

⇒93ページ

記載事項は基本的に殺虫剤や殺菌剤と同じ。『現代農業』2018年6月号や単行本『今さら聞けない農薬の話　きほんのき』も読んでクダサイ

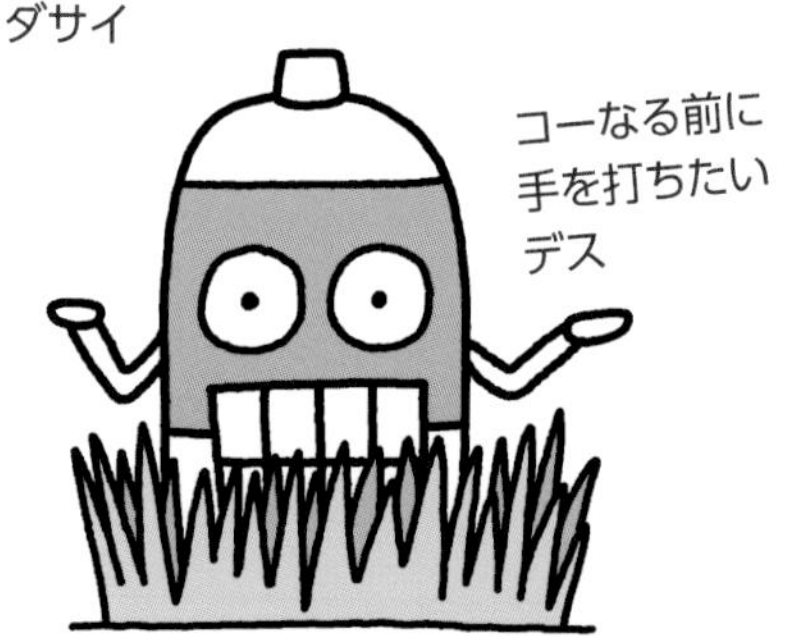

表面(おもてめん)を見る

登録番号

登録農薬である「証」。ただし、登録番号がない除草剤も売っている

⇒42ページ

農薬の種類(適用類別)

殺虫剤や殺菌剤と間違えると大変なので、目立つように「除草剤」と書いてある

有毒性

毒物や劇物の場合は「医薬用外毒物・劇物」と表示される。印鑑がないと買えない

内容量

500mℓで20aに散布できるか10a分になるか、それは登録品目によって違う

⇒62ページ

剤型

殺虫剤や殺菌剤にはない剤型もある

⇒30ページ

製造場の名称および所在地

製造メーカーとその所在地が載っている

裏面（うらめん）を見る

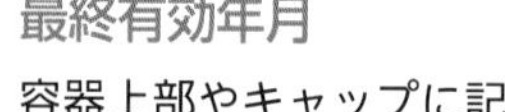

最終有効年月

容器上部やキャップに記載されている。期限が切れた除草剤を使っても罰則はないが、効果や安全性は保証されない

ここを剥がすと……

効果・薬害等の注意

「散布後に多量の降雨が予想される場合は使用をさけてください」とか「展着剤の加用の必要はありません」など使用のポイントが書いてある

⇒70ページ、100ページ

作物名	適用場所	適用雑草名	使用時期	10アール当たり使用量		本剤の使用回数	*総使用回数
				薬量(mℓ)	希釈水量(ℓ)		
にんじん	—	一年生雑草	耕起7日前まで(雑草生育期:草丈30cm以下)	250~500	100	1回	10回以内(1年間に2回以内)
麦類(小麦を除く)		一年生雑草	耕起7日前まで(雑草生育期:草丈30cm以下)	250~500	50~100	3回以内	3回以内
小麦		一年生雑草	耕起7日前まで(雑草生育期:草丈30cm以下)	250~500	50~100	1回	3回以内
		多年生雑草	耕起7日前まで(雑草生育期)	500~750	50~100	1回	3回以内
雑穀類		一年生雑草	耕起7日前まで(雑草生育期:草丈30cm以下)	250~500	50~100	1回	2回以内
いも類(かんしょを除く)		一年生雑草	耕起前又は 植付前まで(雑草生育期:草丈30cm以下)	250~500	100	1回	1回
かんしょ		一年生雑草	耕起前(雑草生育期)	250~500	100	1回	2回以内
飼料用とうもろこし		一年生及び多年生雑草	耕起前又は は種前まで(雑草生育期:草丈30cm以下)	250~500	50~100	2回以内	2回以内
			は種後出芽前まで(雑草生育期:草丈30cm以下)	250~500	50~100	2回以内	2回以内
さとうきび	圃場内の周縁部	一年生雑草	収穫30日前まで(雑草生育期)	250~500	少量散布 25~50	1回	6回以内
		多年生雑草		500~1000			
茶	—	一年生雑草	摘採7日前まで(雑草生育期)	250~500			2回以内

農林水産省登録
第18814号

⚠効果・薬害等の注

●本剤はグリホサートを含む
使用回数と合わせ、総使用
また、使用量に合わせ調製
●泥などで濁った水は効果を
●展着剤の加用の必要はな
●本剤は土壌中で速やかに
ない

ボトルの裏を見ても、パッと見、
使える作物名と適用場所しか
書いてマセン
必要な記載事項が書き切れないから、
ラベルは巻き物のように
なっているんデスネ

**この除草剤の場合は
巻き紙に隠れていたボトルの裏側に記載**

保管方法

絶対に間違えて散布しないように、殺虫剤や殺菌剤とは分けて保管するのが鉄則

安全使用上の注意

「散布時はマスクをつける」とか「誤って飲んでしまった時の解毒剤」などが書いてある。足元に散布するからといって、ノーマスクは禁物

⇒100ページ

適用作物や雑草と使用方法

巻き物を開くと、使える作物、効く雑草（散布できる場所）、単位面積当たりの使用量や使用液量、使用時期、使用回数、使用方法が載っている

⇒38ページ、52ページ、62ページ

適用作物･適用場所と使用方法

1.散布処理 （使い方：本剤を水で希釈して、雑草木の茎葉に散布。樹木等では植栽地を除く）

作物名	適用場所	適用雑草名	使用時期	10アール当たり使用量		本剤の使用回数	*総使用回数
				薬量(mℓ)	希釈水量(ℓ)		
果樹類（かんきつを除く）	—	一年生雑草	収穫7日前まで（雑草生育期：草丈30cm以下）	250~500	通常散布 50~100	3回以内	3回以内
		多年生雑草		500~1000			
かんきつ		一年生雑草		250~500	通常散布 50~100 少量散布 25~50		5回以内
		多年生雑草		500~1000			
水田作物（水稲を除く）		一年生雑草	耕起20～10日前まで（雑草生育期）	250~500	50~100	1回	2回以内
移植水稲							
直播水稲							
水田作物（水田畦畔）	水田畦畔	多年生雑草	収穫14日前まで（雑草生育期：草丈30cm以下）	500~1000		2回以内	3回以内
水田作物（水田刈跡）	水田刈跡	一年生雑草	雑草生育期	250~500		1回	1回
		多年生雑草		500~1000			
水田作物、畑作物（休耕田）	休耕田	一年生雑草	雑草生育期（草丈30cm以下）	250~500			3回以内
		多年生雑草		500~1000			
豆類			耕起前又は は種前まで				2回

除草剤の名前の話

「キックボクサー」ダゼ
「月光」サ
「草笛」ダヨー
「ナイス」デース
「農将軍」である
お名前聞いてみまショー
「ボデーガード」デス
「ゴウワン」ダー
「アッパレZ」ジャー

Q

除草剤の名前って、面白いのが多いですね。

A

そうですね。でも、商品名からわかることもありますよ。

日本植物調節剤研究協会・山木義賢

「ヒエクリーン」や「ヒエクッパ」（どちらも[2]）など、商品名に「ヒエ」がついていれば、対象雑草にノビエを含んでいます。「シバキープ」や「シバニード」（どちらも[22]）、「シバゲン」[2]など、適用作物にシバ（芝）を含むとひと目でわかるのもあります。

水田除草剤には「サキドリ」[14][15]（初期剤）、「アトトリ」[2]、「トドメ」[1]（中・後期剤）など、使用時期がわかりやすい商品名もあります。

また、「グリホエース」や「グリホエキス」「グリホス」などは、有効成分にグリホサート[9]を含んでいます。ちなみに、「草笛」[14][0]や「忍」[2][14][27]、「農将軍」[5][15][0]など、漢字の農薬名は殺虫剤や殺菌剤にはほとんどありません。除草剤特有のネーミングですね。

[2]や[22]などのマークはHRACコードとよばれるもの。くわしくは96ページ。

殺虫剤では「スタークル」と「アルバリン」など、違う商品名だけど中身が同じ農薬がありました。除草剤でもありますか？

A あります。成分名をよくチェックして。

山木義賢

例えば、水稲除草剤の「メガゼータ」と「ビクトリーZ」（どちらも[2][14]）は有効成分もその含有量もまったく同じ。それぞれ住友化学と協友アグリ、登録会社が違うだけです。「ハイカット」と「サンパンチ」（どちらも[1][2][5][27]）も中身はまったく同じ。どちらも日産化学の除草剤で、サンパンチが系統（JA系列）、ハイカットが商系（小売り）やホームセンター向けと、売り先によって名前を変えているだけです。

また、「モンサントラッソー乳剤」「日産ラッソー乳剤」「日農ラッソー乳剤」（いずれも[15]）のように、農薬名に会社名を冠した商品名の場合も、中身は同じです。ただし、中身が同じでも販売メーカーによって登録の内容が違ったりするので要注意。

一方、有効成分と含有率が同じでも、含まれる補助剤（界面活性剤、つまり展着剤）が違う商品もあります。グリホサートイソプロピルアミン塩を41％含有する除草剤（グリホサート剤[9]）はたくさんありますが、商品によっては含有する展着剤が異なり、効果が違う場合もあるかもしれません。ただしラベルからは、補助剤の中身まではわかりません。

グリホサート系除草剤の「サンフーロン」「エイトアップ」「グリホエース」。いずれも含有成分はグリホサートイソプロピルアミン塩41％[9]と水・界面活性剤等59％。初代「ラウンドアップ」のジェネリック（コピー）農薬だ（107ページ）

剤の種類の話

ラウンドアップマックスロード 9 は「茎葉処理剤」で「非選択性」（24ページ）で「吸収移行型」（26ページ）デス

Q 土に散布する除草剤と葉っぱにかける除草剤があるみたいだけど、どこに書いてある？

A ラベルの「使用方法」を見ればいい。ハイブリッドタイプもありますよ。

日本植物調節剤研究協会・**山木義賢**

除草剤は大きくは二つの種類に分けられます。まず土の表面に散布して雑草の発芽を抑制したり、発芽直後に枯死させる「土壌処理剤」。もう一つはすでに伸びている雑草の葉や茎に直接かけて枯らす「茎葉処理剤」です。ただ、両方の効果を持つハイブリッドタイプもあって、これを「茎葉兼土壌処理剤」といいます（表1）。

ボトルにどのタイプか書かれていない除草剤もけっこうあるので迷ってしまうかもしれません。でも見分け方は簡単です。（巻き物を開いて）ラベルの「使用方法」を見て「全面土壌散布」や「ウネ間土壌散布」などと書かれているものは土壌処理剤、「雑草茎葉散布」とあれば茎葉処理剤です。ハイブリッドタイプには「茎葉兼土壌」、あるいは「茎葉散布または土壌散布」などと表記されています。

Q 土壌処理剤と茎葉処理剤、どっちのほうが効く？

A それぞれに特徴があるので、上手に使い分けてください。

山木義賢

表1　主な除草剤の分類

土壌処理剤	ハーモニー[2]、パワーガイザー[2]、アグロマックス[3]、ゴーゴーサン[3]、トレファノサイド[3]、グラメックス[5]、シンバー[5]、フルミオ[14]、デュアールゴールド[15]、フィールドスターP[15]、ボクサー[15]、クロロIPC[23]、カソロン[29]、モーティブ[3][15]、サターンバアロ[5][15]他
茎葉処理剤	ナブ[1]、ホーネスト[1]、MCPP[4]、アクチノール[6]、バサグラン[6]、サンフーロン（その他のグリホサート剤[9]）、タッチダウンiQ[9]、ラウンドアップマックスロード[9]、ザクサ[10]、バスタ[10]、プリグロックスL[22]、レグロックス[22]、アルファード[27]、サンダーボルト007[9][14]他
ハイブリッド型（茎葉兼土壌処理剤）	ゲザプリム[5]、ハイバーX[5]、ロロックス[5]、アージラン[18]他、非農耕地用には多数ある

＊[3]や[15]は土壌処理剤、[1]や[9]は茎葉処理剤、[5]や[18]はハイブリッド型など、HRACコード（96ページ）ごとに大まかな区分ができそうだ

茎葉処理剤が、すでに発生して育っている雑草に使用するのに対して、土壌処理剤はそもそも雑草が生えてくるのを抑える目的で使います。したがって土壌処理剤を使用するのは、雑草が発生する前や生え揃っていない耕耘後、あるいは播種（定植）前後。基本的に、大きくなった雑草や、セイタカアワダチソウやスギナのようにイモ（塊根、塊茎）から出る雑草を枯らす力は大きくありません。これらの雑草には茎葉処理剤が有効です。

除草剤のラベルの「使用時期」を見ると、土壌処理剤には「定植前（雑草発生前）」「播種後出芽前」、茎葉処理剤には「雑草生育期」などと書いてありま

除草剤の２つのタイプ

す。それぞれ、使用場面が異なるわけです。

タイミングが限定される土壌処理剤に対して、茎葉処理剤は幅広い時期に使えるといえますが、やっぱり早めの防除が基本です。葉や茎によくかからなければ効かないので、雑草が繁茂して重なりあっていたり、作物の陰になっていれば枯れ残ってしまうことがあります（雑草の一部にかかれば吸収移行する茎葉処理剤もある。26ページ）。

また、茎葉処理剤には作物にかかっても平気な薬剤とそうでない薬剤があります（24ページ）。基本的に作物の生育中に散布するため、薬害には十分な注意が必要です（100ページ）。

A 上農は土壌処理剤を使いこなす。

兵庫県姫路市・**大西忠男**

江戸時代の格言を現代に置き換えると

小生は雑草防除の講習会で、江戸時代の農学者、宮崎安貞の言葉をよく引用します。曰く、

「上の農人ハ、草のいまだ目に見えざるになかうちし芸り（中耕除草）、中の農人ハ見えて後芸るなり。

見えて後も芸らざるを下の農人とす。これ土地の咎人（罪人）なり」（『農業全書』より）

　これを現在の除草剤利用に置き換えてみると、「上の農人」は土壌処理剤を、「中の農人」は茎葉処理剤を上手に使いこなしていると読むことができます。「下の農人」は草が生えていても除草しない。これは現代でも同じだと思います。「咎人」とは少々キツイ言い方のような気もしますが、雑草の種子が残ることを恐れてのことでしょう。小生もこの考えには同感で、タマネギでは定植後に必ず土壌処理剤を散布し、それでも生き残った雑草を茎葉処理剤で叩くようにしています（98ページ）。

　現在タマネギに登録のある土壌処理剤はゴーゴーサン乳剤や同細粒剤F 3 やトレファノサイド乳剤 3 、クロロIPC 23 、グラメックス水和剤 5 やサターンバアロ粒剤（5 15）、モーティブ乳剤 3 15 など。このうちゴーゴーサンとクロロIPCはアブラナ科雑草に、グラメックスはイネ科雑草にやや効果が低いので要注意です。

元兵庫県立農林水産技術総合センターの大西忠男さん（72歳）。現在は10aの畑でタマネギやキャベツ、スイートコーンなどを栽培（赤松富仁撮影）

土壌処理剤のポイントは「処理層」

　いずれの土壌処理剤も、雑草に効く仕組みは同じ。散布すると成分が土壌に吸着され、地表から約1cmに「処理層」と呼ばれる膜ができます。畑地の一年生雑草の多くは土壌の表層で発芽して、発芽始めの芽や根がこの処理層を通る時に薬剤を吸収して枯れるわけです。作物の種子はもう少し深い位置で発芽するため（または選択性によって）、影響を受けることはありません。

　土壌処理剤をうまく効かせるポイントは三つ。まず、雑草の発生後では効果が劣るので、必ず発芽前に散布する。処理層をうまくつくるため、砕土作業はていねいに行ない、土壌表面に凹凸がないように耕起、ウネ立てを行なう。また、処理層は土壌水分が多いほうができやすいので、薬剤は降雨後、土が適度に湿った状態で散布する。既定の投下薬量を10

土壌処理剤が効く仕組み

土の表面に除草成分の「膜」ができる。作物のタネはそれより深いところで発芽するため影響を受けない

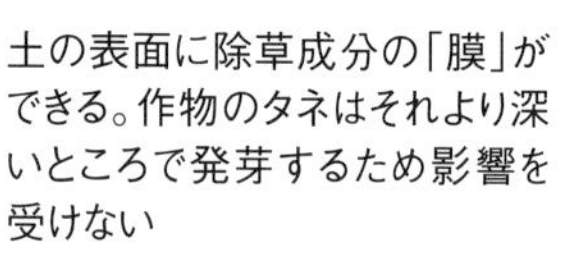

土壌処理剤をよく効かせるコツ

土は平らに ⇨ **土塊があると…**

湿り気を持たせる ⇨ **乾くと…**

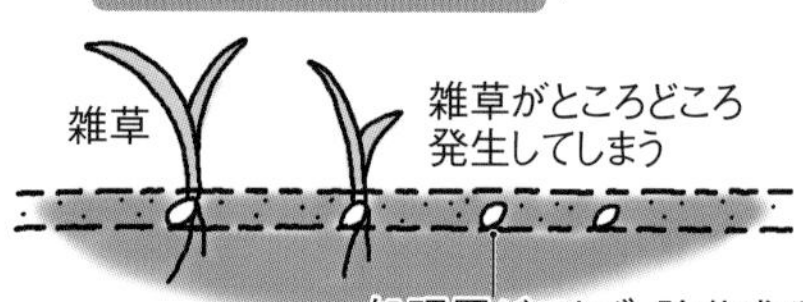

土を動かさない ⇨ **動かすと…**

a当たり100~150ℓの水で希釈して、まきムラのないよう均一に散布します。

なお、堆肥を施したりして腐植の多い土壌や粘土質の土壌では、除草剤がよく吸着されて処理層ができやすく、効果が安定します。逆に砂質土では土壌中の移行性が高く、作物に薬害が出やすくなるので要注意です。

また、気温の影響を受けやすい土壌処理剤はクロロIPCで、15℃以下で高い効果があり、逆に18℃以上になると効果が落ちてしまいます。

（談）

バスタ液剤とナブ乳剤は茎葉処理剤、ラッソー乳剤は土壌処理剤（田中康弘撮影）

土壌処理剤を使いこなせるようになって規模拡大

宮城県村田町・佐藤民夫さん

土壌処理剤と茎葉処理剤を使いこなせるようになって、規模拡大できたというのが、多品目の直売野菜をつくる村田町の佐藤民夫さん。5年前は夫婦2人で2・5町の畑を耕作していたが、今は6町まで広げた。それだけの面積をこなせるようになったのは、ブロッコリー、キャベツなどの土寄せをしなくてよくなったからだ。

水田転換畑で野菜をつくる佐藤さんが土寄せしていた主な目的は、排水対策と雑草対策。水田転換畑は水はけが悪いので、土寄せしてウネ間を掘り下げることで表面排水をよくし、株元に土を寄せることで草を抑えていた。

その土寄せをやらなくてもすむようになったわけは除草剤の使いこなしを含めて四つある。

土寄せいらずのわけ

①ゴロ土ベッド

一つはゴロ土ベッドだ。佐藤さんのブロッコリー、キャベツ畑の土はゴロゴロした大きな土塊だらけ。これは、耕耘の手を抜いているわけではなくて、あえて粗くしているのだ。

細かく砕土する必要がないから、田んぼの荒起こしのようにロータリのPTOは1速でやる。1回目は耕深20～25㎝と深く。2回目は耕深7㎝で浅起こしする。これで、苗を植える表層のゴロ土は多少細かくなる。

ゴロ土の作土層は、雨にたたかれても地表面に板のような土膜を作ることがなく、水がよく抜ける。ただ、もとが田んぼなので、排水路までの水の流れをよくするためには、土寄せでウネ間の溝を掘り下げることが必要だった。

②山なり整形畑

土寄せいらずの二つ目の要因は、水田転換畑の中央が高くなるように

佐藤民夫さん。土寄せなし栽培で収穫したブロッコリーを持ってにんまり（田中康弘撮影）

ちょっと山なりに整形し、周囲に明渠を掘って排水対策を徹底したことだ。それからは雨の翌日でも水が溜まらなくなった。それで、「土寄せなしでもできるのでは？」とキャベツ、ブロッコリーをつくってみたところ、うまくいったというわけだ。また、排水が比較的いい畑では、土寄せだけでなくウネ立てもやめてしまった。

③深植え

三つ目は深植え。これには、ゴロ土の作土に植えた時に、苗が水分不足にならないようにするためという意味もある。半自動移植機で土中5～10cmに深植えしても苗がすっぽり埋まらないように、わざと苗が混み合う200穴セルトレイで育苗する。90日育苗したスーパーセル苗だが、苗が混み合うと競い合って伸びるので、草丈は12cmくらいになる。

深植えすると、ブロッコリーの場合は倒伏しにくくなり、土寄せの代わりになる。

④除草剤の使いこなし

四つ目が最大の要因である除草剤だ。「土壌処理剤と茎葉処理剤が使いこなせるようになったことが、土寄せなし栽培ができるようになった大きな要因」と佐藤さんは言う。

キャベツを定植したらすぐに、ゴーゴーサン（土壌処理剤）を全面散布する。これは、イネ科雑草、広葉雑草の発芽を約45日間抑える。これで初期のうちに草に負けない生育を確保できる。

ゴーゴーサンの効果が切れたら、再び生えてきた雑草の中のイネ科雑草だけを観察し、草丈が30cmを超えたころに、ナブ乳剤（イネ科だけに効く除草剤）をまく。枯れたイネ科雑草がマルチのようになり、下敷きになって遮光された広葉雑草も一緒に枯れてしまう。

ブロッコリーは深植え。
土中10cmくらいまで、
茎が埋まっていた

野菜も雑草も大きくなっちゃった。作物にかかっても平気な茎葉処理剤はどれ？

「選択性除草剤」を選んでください。「非選択性除草剤」は作物が枯れるので要注意。

茎葉処理剤には、特定の作物にかかっても平気な「選択性除草剤」と、なんでも枯らす「非選択性除草剤」がある。そして、畑で使われる茎葉処理剤の多くは、非選択性茎葉処理剤なんだとか。

左に主な茎葉処理剤を分類してみた。非選択性剤は「グリホサート」[9]や「グリホシネート」[10]が成分なので、ラベルをよく見ればわかる。これらは散布の際に、作物にかからないよう注意が必要だ。

一方、ラベルの「使用方法」に「全面散布」と書いてあれば、間違いなく選択性だ。登録ラベルにある作物には影響が小さいので、畑全体に散布して雑草だけを枯らすことができる。

例えば、ナブやセレクト、ホーネスト（いずれも[1]）などはイネ科雑草専用剤。広葉植物には効かないので、ダイズやジャガイモの畑に全面散布して、メヒシバやヒエ類などのイネ科雑草だけを枯らすことができる。逆に水稲や小麦などで使われるハーモニーなどのスルホニルウレア系[2]、バサグランやアクチノール（どちらも[6]）は対象の雑草が「一年生広葉雑草」や「水田一年生雑草（イネ科を除く）」などとなっている。イネ科の作物には効かないので、安心して使えるわけだ。

「除草剤」なのに草が枯れないのは不思議な気もするが、これは選択性除草剤の作用機構（96ページ）がピンポイントだから。例えばホウレンソウやオカヒジキなどに使うアージラン[18]という除草剤がある。葉酸の合成を阻害するそうで、イネ科から広葉雑草まで幅広く効くが、その葉酸を大量に作るアカ

ザ科（ヒユ科）には効きにくい。アカザ科のホウレンソウやオカヒジキなどにも影響が少ないため、定番の除草剤となっている。編

表2　主な茎葉処理剤（○：効果が高い、○〜△：やや効果が劣る）

	製品名	HRAC	一年生		多年生		特徴
			イネ科	広葉	イネ科	広葉	
選択性	ナブ乳剤	1	○		○		・スズメノカタビラを除く一年生イネ科雑草、多年生イネ科雑草に対して高い効果
選択性	ホーネスト乳剤	1	○		○		
選択性	バサグラン液剤	6		○		○	・ナズナやハコベ、イヌタデ、アメリカセンダングサなどの一年生広葉雑草に高い効果を示す。イネ科雑草およびヒユ類などには効果が劣る
選択性	アクチノール乳剤	6		○			
非選択性	ラウンドアップマックスロード(グリホサート)	9	○	○	○	○	・イネ科、広葉の一年生雑草、多年生雑草、ササ類、雑灌木などほぼすべての草種に有効 ・遅効性で効果の発現に3〜7日、完全な効果に10日〜2カ月ほどを要する
非選択性	サンダーボルト007	9 14	○	○	○	○	・効果発現が遅いグリホサートに速効性成分を混合。ツユクサ類やヒルガオ類への効果を補強
非選択性	バスタ液剤／ザクサ液剤	10	○	○	○〜△	○〜△	・効果の進展はグリホサート剤よりも早く、1〜3日で効果が発現し、5〜20日で完全な効果 ・グリホサート剤ほど移行せず、地下部までは枯死せず再生しやすい
非選択性	プリグロックスL	22	○	○	△	△	・スギナを含むほぼすべての雑草の地上部をきわめて速効的に枯らす

農業総覧・病害虫診断防除編に収録の「除草剤の選択と使用法」（植調）を基に作成

葉っぱにかけて、根っこまで枯れるのと枯れないのがあるって聞いたけど……。

成分にグリホサートが含まれていれば根っこまで枯れる。「吸収移行型除草剤」といいます。

「接触型」と「吸収移行型」

茎葉処理剤には「接触型」と「吸収移行型（浸透移行型）」という分類もある。接触型は薬液がかかった茎や葉だけが枯れるのに対して、吸収移行型は地上部にかかった成分が体内で運ばれて、根っこまで枯れる（左図）。

例えば、よく使われる非選択性茎葉処理剤のうち、プリグロックスL 22 は接触型。散布後その日のうちに効き始めるが、接触型という名の通り、薬剤が付着した部分だけが枯れる。薬剤がかからなかった部分や根っこは残るので、再生までの時間は短い。

一方、ラウンドアップマックスロードやサンフーロン（いずれも 9 ）など、成分に「グリホサート」を含む除草剤はすべて吸収移行型。薬剤がかかった葉だけでなく、根っこまで枯れるのでなかなか再生しない。ということは裸地化を招くため、畦畔や法面では使いづらい。また、散布後枯れるまでに時間がかかり、特に低温の時期は効果が出始めるまで1週間くらいかかることもある。

バスタやザクサ（どちらも 10 ）はその中間だ。接触型だが、少しは移行する。効果が出るのは早いが、根っこまでは枯れない。再生はするものの、完全な接触型に比べると時間がかかる。

吸収と移行のメカニズム

吸収移行型のグリホサートは、雑草の体内に入ると細胞膜の内側や篩管など生きた組織を通って移動する（シンプラスト移行）。篩管は葉で作った光合成

吸収移行型	接触型	
ラウンドアップやその他のグリホサート系[9]	バスタやザクサ[10]など	プリグロックスL[22]など
成分が根まで移行する（シンプラスト移行）	かからなかった地上部にも少し移行する（アポプラスト移行）	かからなかった部分は生き残る

枯れ始めは遅いが、成分がゆっくり全身に回り、いずれ根まで枯れる。作物にかかると重大な薬害を起こす	かからなかった部分も枯れるが根は残る。効果は早く、再生は遅い	かかった部分だけ枯れる。その日のうちに枯れ始めるが根は残るので再生しやすい

産物（糖）を生長点や根に送る通り道。グリホサートも糖と同じように体内に行きわたり、生長点の活動を止めてゆっくり枯らせるという（SU剤も同じような動き方をする）。

一方、バスタやザクサの成分は細胞間隙や導管などを、水の流れに乗って移動する（アポプラスト移行）。その移行は比較的早いが、基本的に下（根）から上（葉）への流れとなるため、成分は根っこまで届かない。多くの除草剤はこのタイプだそうだ。

そして、植物体内でまったく（またはわずかしか）移行しないのが接触型除草剤というわけだ。編

田んぼのアゼには
根っこまで枯れるのを使うと
アゼが崩れちゃうから
使いにくいデスネ

抑草剤の話

枯れる
ハコベ、ナズナ、シロザ、ヒユ類、タデ類、マツヨイグサ類、ブタクサ、イヌホオズキ、カラスノエンドウ、イボクサ、ツユクサ、ヒメジョオン、クズ、オオキンケイギク、タンポポ類、シロツメクサ、オオバコ、ギシギシ類他
メヒシバ、イタリアンライグラス、ハルガヤ、オーチャードグラス、ヤエムグラ、スズメノエンドウ、オオバコ、ギシギシ類、ゲンノショウコ他
メヒシバ、スズメノカタビラ、イヌビエ、ハルガヤ、ヒメジョオン、ブタクサ、シロザ、イヌビユ、カラスノエンドウ、ヨモギ、セイタカアワダチソウ、ノゲシ、タンポポ類、ギシギシ類、スギナ他

雑草が伸びるのを抑えてくれるんデスネ

ヒョッコリ

その効果は薬剤と草種によって違うんデスネ。例えばヨモギの場合、グラスショートでは1～2カ月、クサピカでは2カ月以上抑えることができ、モニュメントでは枯れるんデス

Q 「抑草剤」って、除草剤とは違うの？

A 除草剤の一種です。アゼ草刈りを長期間サボりたいならおすすめ。

「抑草剤」とは田んぼのアゼや法面、農道などで、雑草を枯らすのではなく、その伸びを抑えて草丈を低く保つ除草剤の一種。比較的長く効くため、草刈りの労力や経費が節減でき、草が根まで枯れるわけではないのでアゼや法面を保護できる、景観が維持できる、といったメリットがある。

田んぼのアゼの代表的な抑草剤に「グラスショート」[2]や「クサピカ」[4][9]、「サンダーボルト007」[9][14]がある。その他、「樹木等」（41ページ）やシバに登録のある「ショートキープ」や「モニュメント」（どちらも[2]）も抑草剤で、いずれもラベルの使用目的に「草丈抑制による刈込軽減」とある。一方、「植物成長調整剤（矮化剤）」として登録

抑草剤の草種別効果一覧（植調協会資料より一部抜粋）

農薬名	抑草期間		
	30日以下	31〜60日	61日以上
グラスショート、ショートキープ 2	オヒシバ、アゼガヤ、ノシバ、コウライシバ、バミューダグラス（ギョウギシバ）、ウィーピングラブグラス（シナダレスズメガヤ）、トールフェスク（オニウシノケグサ）、ペレニアルライグラス（ホソムギ）、カモジグサ、ノイバラ	メヒシバ、エノコログサ類、チガヤ、ケンタッキーブルーグラス、レッドトップ、オーチャードグラス、ハルガヤ、チモシー、キシュウスズメノヒエ、ヨシ、アズマネザサ、クサヨシ、アシカキ、アキノノゲシ、ヨモギ、ハマスゲ、スギナ	イヌビエ、ススキ、オギ、トダシバ、オオブタクサ、タカサブロウ、セイタカアワダチソウ、ヨメナ、イタドリ、ヒメクグ、ノハラアザミ
クサピカ 4 9	ジョンソングラス、アキノノゲシ、シロツメクサ	ススキ、ノシバ、チモシー、ツユクサ、ヒメジョオン、タンポポ類、セイタカアワダチソウ、ヒメクグ、イタドリ、カキドオシ、ノコンギク、スギナ	レッドトップ、トールフェスク、チガヤ、メマツヨイグサ、アカツメクサ、ヨモギ、オトコヨモギ、ヨメナ、アカネ、ヒメクグ、オオハンゴンソウ
モニュメント 2	ノシバ、コウライシバ、バミューダグラス、アキノノゲシ、エノキグサ、ヨメナ、ヘソカズラ、ヤブガラシ、ヨウシュヤマゴボウ	メリケンカルカヤ、トダシバ、イタドリ、クズ	アキノエノコログサ、ススキ、オギ、チガヤ、ペレニアルライグラス、カモジグサ、オオブタクサ、イヌホオズキ、ホトケノザ、オオイヌノフグリ、ノハラアザミ

のある「グリーンフィールド」と「バウンティ」も、除草剤ではないが、同じく抑草剤として使うことができる。

抑草剤（矮化剤以外）のラベルを見ると、成分は草を枯らす普通の除草剤と同じだ。例えばグラスショートやショートキープの主成分「ビスピリバックナトリウム塩」2は、水田除草剤のノミニーと同じ。田んぼで幼少期の雑草に散布することで雑草は枯れるが、アゼの大きな雑草に対しては生育抑制作用が働くようだ。またサンダーボルト007は、10aに400〜600ℓ散布した場合は普通の除草剤として働き、同50〜150ℓの場合は抑草剤として働く（いずれも薬液量）。同じ成分でも、雑草の生育ステージや薬液の濃度によって、枯らしたり伸びを抑えたり、効果が変わるわけだ。

ただし、その効果は雑草の種類によっても違う。上の表は少し前の試験データだが、それぞれの抑草剤ごとに、各雑草に対する伸長抑制効果の持続期間を示している。抑えたい雑草の種類から薬剤を選ぶ目安になりそうだ。編

剤型の話

Q 粒剤やジャンボ剤、豆つぶ剤……田んぼの除草剤っていろいろあるけど、どれが一番効くの?

A 薬が田んぼ全体に広がりさえすれば、剤型で効果に違いはありません。大事なのは使い方です。

日本植物調節剤研究協会・山木義賢

「ジャンボ剤」であっても「粒剤」であっても、田んぼ全体に広がりさえすれば、除草効果が発揮されます。そういった意味で、有効成分が同じであれば剤型による効果の違いはありません。ただし、剤型によってその「広がり方」が違うので、特性を把握してまかないと十分に効果を発揮できません。

散布後に拡散するタイプのジャンボ剤や「豆つぶ剤」は、散布機も使わず、まきムラも気にせず、アゼからさっとまけて便利です。ただし、田んぼ全体に拡散するには、広がり

水稲用除草剤の剤型別使用量の推移
（植調協会 除草剤出荷量調査より）

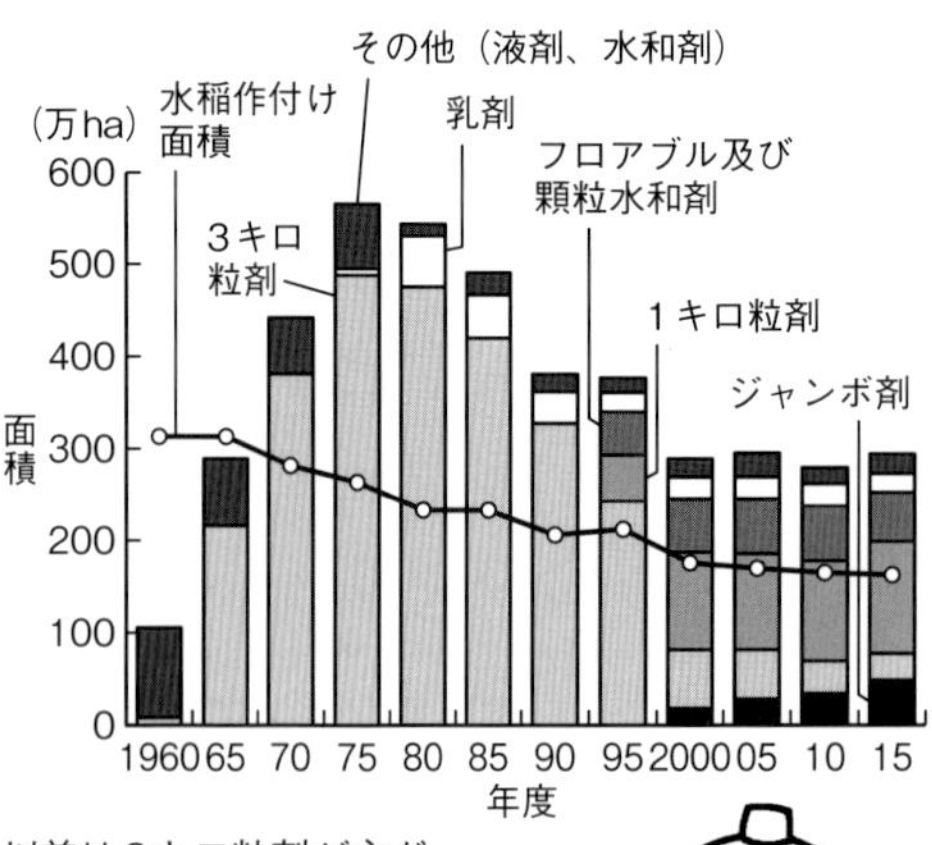

以前は3キロ粒剤が主だったが、散布量の少ない1キロ粒剤が普及し、現在はより便利なジャンボ剤などの使用量が増えてきた

省力化が進んできたんデスネ

きるまで十分な水で湛水状態を保つ必要があります。

一方、粒剤は剤自体が持つ拡散能力が低いので、最初からまんべんなくまく必要があり、面積当たりの散布量も多く設計されています。言い方を変えると、最初からムラなく拡散させてあるので、その後の水管理はジャンボ剤ほどシビアではありません。水持ちが心配な田んぼにはおすすめです。

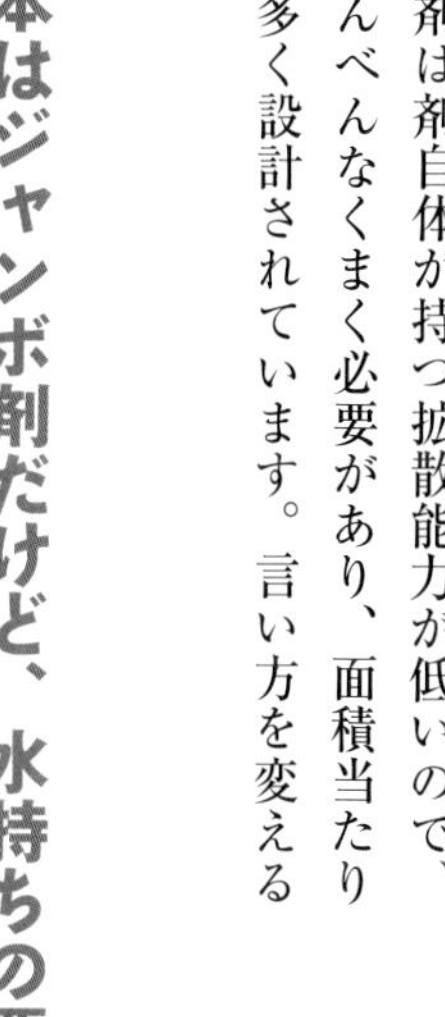

A 基本はジャンボ剤だけど、水持ちの悪い田んぼには粒剤を使います。

山形県高畠町・萩原(はぎはら)拓重(たくじゅう)

うちでは、田植えのときにソルネット1キロ粒剤15を田植え機でまいて、その後で一発剤をまく体系処理で雑草を抑えてます。一発剤は、田んぼ13haの8割ぐらいがジャンボ剤。アゼから放るだけでいいので、とってもラクですね。

ただ、一部の水持ちが悪い田んぼでは、動散で粒剤をまいています。ジャンボ剤よりも手間がかかりますが、効果は安定するようです。まくときの水深

萩原拓重さん。イネ13ha、ダイズ11haを栽培

ジャンボ剤と豆つぶ剤の広がり方

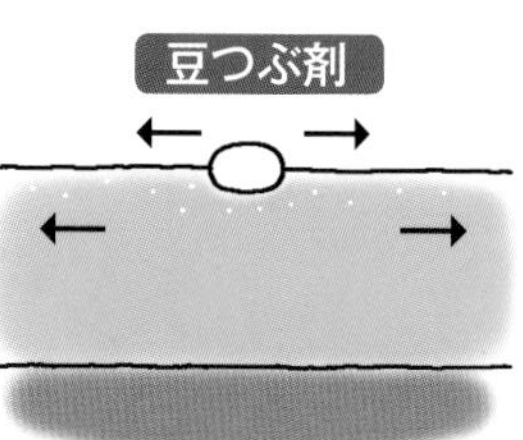

豆つぶ剤：剤自身が水面を動きながら溶解。溶け出した除草成分も水面で拡散する

ジャンボ剤：水溶性のフィルムが溶け出し、中の剤（粒剤や豆つぶ剤など）が拡散する

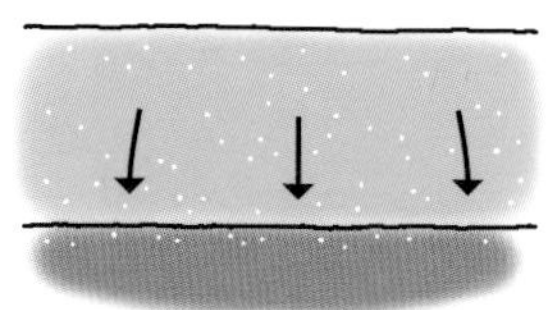

豆つぶ剤：拡散した成分がしだいに沈着する

ジャンボ剤：剤が溶解し、その成分が地表に沈着する

も、ジャンボのときは5cmは必要ですが、粒剤だと3cmくらいでもまいてしまいます。

昨年の一発剤は、特栽米が成分の少ないプライオリティ[2][27]、通常栽培はクサバルカン[14][27]でした。どちらの銘柄にもジャンボ剤と1キロ粒剤があるので、2銘柄×2剤型の合計4種類を準備して、圃場の水持ちに合わせて使い分けました。（談）

A 1ha田んぼでも、念入りに均平をとって水を深く張れば、豆つぶ剤がバッチリ広がる。

茨城県龍ケ崎市・**岡田彬成**

うちの田んぼの6割は、豆つぶ剤を使ってる。最近一番使うのは、ナギナタ豆つぶ250[2][27][0]。10a2500円ぐらいで、他の豆つぶ剤より安いし、効き目もバッチリだからね。1haある田んぼでも、アゼ際を歩きながらまくだけで、あとは剤が自分で泳いで全面に広がってく。

そのためには、1ha全面を水で覆う必要があるけどね。冬場にバックホーでアゼの補修、レーザーレベラーで均平をしっかり確保して、散布のときには7〜10cmの深水にする。10cmにもなるとイネも一部

岡田彬成さん。イネ83haの大規模経営

フロアブル剤、水口だけ効きが悪かった

宮城県大崎市・**中川健一**

ここ3年、「フロアブル剤」を流し込みしてるよ。前日に水を落として、地表面が見える状態でパイプラインを全開にしてまくと、スーって全体に広がる。ラクだねぇ。だけど昨年、水口から15mくらいヒエが出た。水の勢いが強いから、薄くなるのかねぇ。今年は1ha田んぼでも80a分だけを流し込んで、あとの20a分は水を止めてから手前にまいてみるよ。（談）

中川さん（81歳）のフロアブル剤散布。1ha田んぼの除草も、水口2カ所から2時間流し込めば完了

除草剤の主な剤型

剤型			特徴
直接散布するタイプ	粒剤	粒剤（1キロ粒剤、500グラム粒剤など）	水田では、以前は10a当たり3kgまく3キロ粒剤が主だったが、250グラム粒剤など、有効成分濃度を高めて散布量を少なくしたものが増えてきた
		ジャンボ剤	水田用。粒剤や錠剤、豆つぶ剤を水溶性フィルムで包んだパック状のもの。1パック25～50gで、10a当たり10～20個を投げ込むと、フィルムが溶けて成分が拡散する
		豆つぶ剤	水田用。手やひしゃくを使って、またはパッケージから直接散布する。投げ込むと水面に浮かんで拡散する
	粉粒剤	細粒剤F	主に畑地用。粒径180～710μm。比重が重く風で飛びにくい。粉粒剤には粒径53～212μmの微粒剤Fもある
水に溶かして使うタイプ	乳剤	乳剤	有機溶媒に成分を溶かした剤。可燃物で、溶媒によって薬害が出ることもある
		EW剤	乳剤を改良し、成分を水溶性のポリマーなどで被覆して水に分散させた剤。薬害が出にくく、においも少ない
	液剤	液剤	水溶性の液体製剤で、乳剤よりも薬害が出にくい。原液あるいは水で薄めて用いる
		ME液剤	成分を少量の有機溶剤に溶かし、微粒子にして水に分散させた剤
	水和剤	水和剤	水になじむ粉末状製剤で、水に懸濁させて用いる。調製液を静置すると沈殿する
		フロアブル剤	粘性がある液体で、成分が分離することがあるのでよく振って使う。水田では、希釈せずにアゼから散布、または水口から流し込み施用する
		顆粒水和剤	水和剤を顆粒状にした製剤。水田ではメッシュに入れて水口にセットし、流し込み施用できる剤もある

水没しちゃうけど、2日もたてば水深も下がるし、ちゃんと生き延びてくれてるみたい。

最近、アゼ際散布よりもラクだって聞いて、「顆粒水和剤」の流し込みも試してみた。確かに、水口で処理がすむからラクだし、固体だから「フロアブル剤」の流し込みよりも汚れにくいのがメリットかな。でも、うちは用水の流量が不安定な田んぼが多いから、導入するのは難しいかもね。（談）

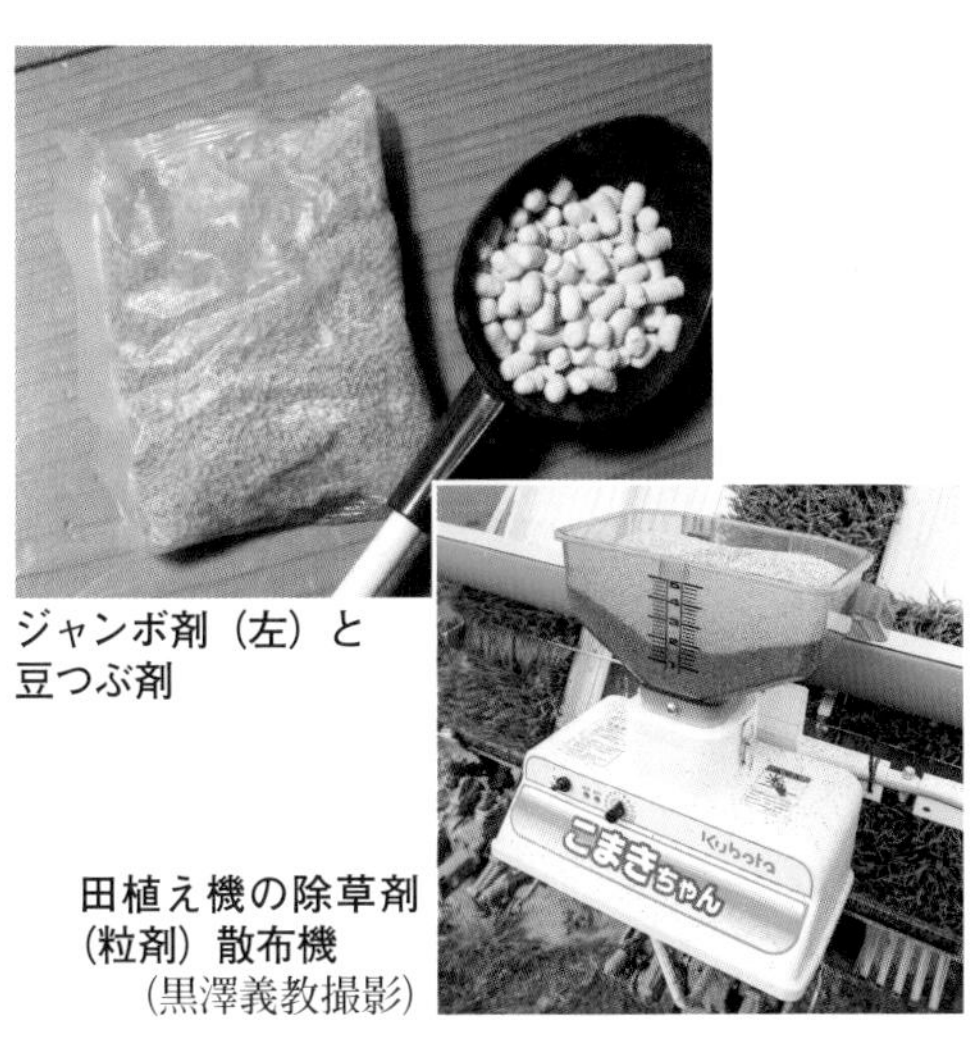

ジャンボ剤（左）と豆つぶ剤

田植え機の除草剤（粒剤）散布機（黒澤義教撮影）

ジャンボ剤と豆つぶ剤って、結局どっちのほうがラクなの？

A 小さめの田んぼなら、数を数えるだけでいいジャンボ剤がラクですよ。

山形県高畠町・萩原拓重

うちは小さめの田んぼが多くて、しかも枚数が多い。以前豆つぶ剤を使ったことがありますが、田んぼ一枚一枚の面積に合わせて計量するのが、かなり面倒でした。それに、ひしゃくとバケツをセットで持って散布するって、意外とかさばるんです。

ジャンボ剤なら、散布量の計算が簡単です。1袋に10a分入って売っているんですが、よくあるタイプは10パック。だから30aなら3袋30パック、28aならそこから2個減らして28パックにすればいい。すっごく単純ですよね。

フィルムごと溶けるから、外袋以外のゴミが出ない。フロアブル剤を使ったときは空容器の処理が面倒だったので、この点も気に入ってます。（談）

A 大きな田んぼなら、中に入らなくていい豆つぶ剤。

大きな田んぼが多い場合、豆つぶ剤のほうがラクになることが多いようだ。メーカーによると、アゼからジャンボ剤を投げる場合、たとえパックの中身が豆つぶ剤だとしても、中央まで拡散しないことも多い。1ha以上の田んぼだと、中に入ってまいたほうが安心だ。

どっちがラクでショウカ？112ページの青木恒男さんの使いこなしもあわせて読んでくだサイ

一方、豆つぶ剤をひしゃくでまくと、軽い力でもゆうに10m以上飛ぶ。1haを超す田んぼでもアゼ際散布だけですむそうだ。

編

畑地用の土壌処理剤。粒剤と乳剤は、どっちを選んだらいいの？

A 基本は安くてムラの出にくい乳剤ですが、大雨の前などは細粒剤Fです。

長野県小諸市・**甘利崇雄**

畑でも、とくに土壌処理剤に関してですが、剤型によって性格が結構違いますね。僕のところではネギ定植前の土壌処理剤として、ゴーゴーサン[3]を使っていますが、同じゴーゴーサンでも「細粒剤F」と「乳剤」を使い分けてます。

甘利崇雄さん。35haの畑でネギやキャベツなどを栽培

乳剤はブームスプレーヤでまくので均一に被膜ができますが、細粒剤は背負いの動散なので、どうしてもまきムラが出やすい。それに、地面が乾き気味だと、処理層の形成に時間がかかります。乳剤のほうがムラなく効くし、細粒剤より価格が安いのも魅力です。

一方で、細粒剤は倍率の計算や希釈などがいらないから、とっさの場合にも、動散を背負えばすぐにまけます。それに、液体の乳剤に比べると、自分にかかったりする心配が少ないから、慣れない人に散布してもらうときは、こっちのほうが安心ですね。そして、処理後の天気が心配なときは、断然細粒剤です。乳剤をまいたすぐ後で大雨が降ると、処理層が破れてしまいますからね（19ページ）。（談）

強風の影響があるので、カラカラのときこそ細粒剤Fです。

茨城県古河市・**塚原雄二**

うちでは、土壌処理剤には基本的にフィールドスター乳剤15を使ってます。乳剤は細粒剤よりも面積当たりの散布量が多いので、まきムラが出にくいし、価格も安いですから。でも、圃場に湿り気がなくカラッカラになるときは、ゴーゴーサンの細粒剤Fです。土壌処理剤は「乾いたときは液状の剤」というのがセオリーみたいなんで、逆行してますよね。

それというのも、平場にあるうちの畑は、強風の影響を大きく受けるからです。夏場にキャベツを播種した後なんか、乾いた土が風でどんどん剥がされていって、1カ月後にはウネが5㎝くらい低くなっていることもある。カラッカラのときに乳剤をまくと、一瞬で蒸発してホントの表面だけにしか広がらず、風ですぐ剥がされちゃう。その後になって、少し深いところにあるタネから雑草が伸びてきて、一面に繁茂することに……。乳剤だけ使っていた頃は、何度も何度も剤をムダにしました。

そこで、カラカラ土壌に限って細粒剤に変えてみたら、断然効くようになりました。小さい粒が土の亀裂にはまり込んで、水分がある少し深いとこに膜を張るみたいです。ここならしばらく風で飛ぶことはないし、下のほうから生えてくる雑草を、しっかり抑えてくれるんだと思います。

なお、土壌処理剤を散布しても生き残る雑草は、中耕除草と茎葉処理剤で叩きます。例えば、秋冬キャベツでは定植後にさきほどのフィールドスターを全面散布しますが、生き残るタデ科の雑草は中耕除草。ロータリをかけられないアゼ際などに生える雑草はザクサ10で叩きます。多くの雑草に効く茎葉処理剤で、これに展着剤のアグラーを混ぜて散布しておけば、夏場は3日で根まで枯れます。（談）

Q ラウンドアップマックスロードALって、ラウンドアップのパワーアップバージョン？

A AL剤は希釈済みの液剤。そのまま散布できるが、割高だし登録も違う。

農薬売り場で、サンフーロンALやラウンドアップマックスロードAL（どちらも 9 ）など、名前に「AL」とつく除草剤を見ることがある。このALはapplicable liquidの略で、「そのまま散布できるように希釈済み」という意味のようだ。

ラウンドアップマックスロードALⅢ（他にAL、ALⅡがあり、どれも非農耕地用。速効性などが違う）。注ぎ口から直接シャワーのようにまけるので、「シャワータイプ」とも呼ばれる

間違えて畑で使っちゃいそうデスネ……

例えばラウンドアップマックスロードAL（有効成分グリホサート0・96％）は通常版（同48％）を約50倍に希釈したバージョンで、面倒な希釈の手間や時間を省くことができる商品だ。

しかし、あるホームセンターで価格を比べると、通常版が500mℓで2068円なのに対し、ALは1・2ℓで1032円。グリホサート1g当たりの値段は、それぞれ8・6円と89・6円となる。通常版のほうがおトクだし、保管のスペースもとらない。

AL剤でもっとも注意すべき点は、希釈に慣れない家庭園芸者向けの商品が多いこと。たとえばラウンドアップマックスロードAL、サンフーロンAL除草エースなどは、非農耕地用（家庭用）でしか登録がない（41ページ）。農耕地用のものとしては、今年3月に新規登録されたバスタAL 10 があり、キャベツやキュウリなどに幅広く使用できる。編

Q 除草剤のラベルを見ると「適用地帯」があったりする。他の地域では使えないの？

A 法律上は問題ないが、効果や薬害に注意。

北海道のみ

地域や土質の指定は土壌処理剤や水稲除草剤に多そうデス

新剤のラベルには記載がない

除草剤の適用表には「適用地帯／場所」という項目があり、使用地域（または除外地域）や場所が指定されている場合がある。

例えば土壌処理剤の「トレファノサイド乳剤」3。インゲンマメに登録があるが、適用地帯は北海道のみ。それ以外では、インゲンマメには使えないようだ。逆にアズキの登録は「北海道を除く全域」となっていて、北海道では使えない。

水田除草剤にはこうした例がたくさんあって、多くの剤に「北海道、東北」とか「近畿・中国・四国を除く」などと指定がある。

これは除草剤の効果や薬害の出方が、気温や気象条件に左右されやすいから。そこで登録の際に試験をして、使える地域を細かく指定しているわけだ。例えば「北陸」と指定があれば、新潟県、富山県、石川県、福井県での販売や使用となる。

しかし現在、この制度は廃止され、2015年以降に登録申請（または登録変更）された剤では適用地帯の登録は必要なくなった。農水省によると、最近の除草剤の成分は気象条件に影響を受けにくく、また、登録申請のコストや手間を省いて、新規登録や登録変更をしやすくするための措置のようだ。

ちなみに、「適用地帯」の項目に違反しても、農薬取締法上の罰則はない。例えば北海道以外の地域でインゲンにトレファノサイド乳剤を使ってもかまわないが、薬害には注意が必要で、効果も保証されないということだ。

A 地域限定の除草剤もある。

北海道・東北向けには「H」関東・北陸以西向けは「L」

ちなみに、地域向けに商品を作り分けているメーカーもある。例えば水稲除草剤の「クサトリーDX

ラベルの「効果・薬害等の注意」をチェック

除草剤の適用表には「適用土壌」という項目もある。例えば水稲除草剤の「テイクオフ粒剤」[2]では、北海道なら「壌土〜埴土」、北海道以外なら「砂壌土〜埴土」という登録だ。これはつまり、寒い北海道では砂質の水田での使用を避けてほしいという意味になるが、15年以降の新剤には、この項目も記載義務がなくなった。

しかし、除草剤によってはやはり温度や土質の影響を受ける。そこで、ラベルの「効果・薬害等の注意」は要チェック。「高温条件で強い薬害が生じる」「砂土では使用しない」といった注意事項が書かれているので、よく確認してから使いたい。編

フロアブル」には2種類あって、「フロアブルH」は北海道や東北の寒冷地向け、「フロアブルL」は関東・北陸以西の温暖地向けだ。

どちらもフェントラザミド[15]、ブロモブチド[0]、

スルホニルウレア系成分の含有量

ベンスルフロンメチル[2]を主成分としているが、寒冷地向けの「H」には、低温で効きにくいスルホニルウレア系のベンスルフロンメチルの含有量を0・4％増やしてあるのだ。

同じような商品はいくつもあって、寒冷地向けの商品名にはH、温暖地向けにはLを付けている。どうやら、高含量（High content）と低含量（Low content）の頭文字を付けているようだ。地元の農協や商店で買う分には問題にならないだろうが、インターネットや通販で除草剤を買う時には注目したい。

地域密着企業が独自に品目を追加

除草剤によっては、同じ成分の商品をメーカー数社が取り扱っていて、中には商品（つまりメーカー）によって登録品目が違う場合もある。

例えば「ハイバーX」[5]は計4社が登録しているが、パイナップルに使えるのは第一農薬の「ハイバーX」と琉球産経の「サンケイハイバーX」だけ。「デュポンハイバーX」と「丸和ハイバーX」には登録がない。第一農薬と琉球産経は共に沖縄県の企業だ。地元農家のために、独自にパイナップルでも登録を取得、販売しているというわけだ。編

Q 「家庭用」とか「非農耕地用」と書いた除草剤は、同じ成分でも畑に使っちゃダメなの？

A 登録の範囲が違うので、畑には使えない。

「家庭用」の除草剤。写真は土壌処理剤とシバ用除草剤の混合剤（ともに5）

「家庭用」または「非農耕地用」として販売されている除草剤のラベルには、作物名に「樹木等」とだけある。これは除草剤にしかない登録品目で、主に公園や庭園、堤塘（土手）、駐車場、道路、運動場、宅地、鉄道等を指す。

成分を見ると普通の除草剤と同じようだ。そして、対象作物を絞っているせいか、安い商品も多い。しかし、これらは田んぼや畑、果樹園などでは使えない。

使用場面は「周りに守るべき作物がない場所」とされていて、例えば田んぼの畦畔は当然ダメだし、公園や自分の庭でも、植栽やシバ（芝）の近くでは使えない。保護すべき植物の根域外までの使用だ。

「家庭用」の除草剤には効果が約9カ月間持続すると謳う商品もある。そしてそのほとんどが非選択性

（24ページ）だ。誤って畑にまいて、その後1年間、野菜が育たなかったという人もいるようだ。成分や剤型を工夫して効果を引き延ばしているようなので、気を付けたい。

ちなみに、「樹木等」というネーミングながら、この登録では山や林で使えない。山林向けの除草剤には「樹木類」という登録があるのだ。こちらはそれぞれの樹種に対する薬害なども試験されているため、樹木や植え込みの直下でも使えたりする。編

農薬登録がない「除草剤」も売っているので要注意。

一方、一部のホームセンターやインターネット上では「除草剤」と名乗っているものの、農薬登録のない薬剤も売られている。成分はグリホサートやMCPAなど登録除草剤と同じだが、ラベルには「登録番号」（11ページ）の記載がない。いわゆる「登録外除草剤」で、農水省ではこれを「農薬として使用することができない除草剤」と呼んでいる。

従来、ドラッグストアや100円ショップなどで「非農耕地専用」などと表記して売られていることが多かったようだが、それでは「樹木等」で使用する登録除草剤と混同されてしまう。

そこで農水省は去年3月に通知を出して、「農薬として使用できないこと」「農作物や樹木、シバや花木等の栽培・管理には使用できないこと」を明記し、登録除草剤と区分して販売することを求めている。

JA糸島アグリの名店長、古藤俊二さんによると、近隣のディスカウント店では、そうした登録外「除草剤」を500㎖で税込み150円と「ありえない価格」で売っているとか。「農耕地用」や「非農耕地専用」の表示もなく、よく知らずに田んぼのアゼや畑に使っている農家もいる。しかし、登録外除草剤は農耕地での使用が禁止されていて、作物への影響が試験されていない可能性もある。古藤さんとしてはやっぱりおすすめできない。

もちろんJA糸島アグリではそうした「登録外除草剤」を扱わず、1点だけ「非農耕地用」の登録除

草剤を置いている。多様な要望に応えるためでもあるが、主には、除草剤のこの複雑な登録の仕組みをお客さんに伝えるために使っているという。

編

最近、「お酢」が除草剤として売ってるんだけど、本当に効くの？

お酢は「特定農薬」。庭先で使う分には、意外といいみたい。

ホームセンターで売られている食酢の除草剤。これは2ℓで800円（原液散布）。野菜類や花卉類にも使えるが、作物にかかると薬害を起こす。また、イネ科には効果が劣る

お酢の除草剤は最近、よく見かけるようになった。ラベルを見ると名称は「醸造酢」や「食酢」となっていて、原材料はアルコール100%。食品成分だから安心して使えると、人気があるようだ。

このラベルにも「登録番号」が見当たらないが、じつは食酢は「特定農薬」として認められた資材だ。特定農薬とは、一定の防除効果があって、農作物や人畜などに無害であることが明らかなもの。別名は「特定防除資材」で、現在、食酢のほかに天敵昆虫や重曹、エチレンや次亜塩素酸水が指定されている。

目地に生えてなかなか抜けないコニシキソウやオニノゲシも、一晩で縮れあがった（西川健次さん提供）

お酢には殺菌作用があり、薄めて作物に散布すると代謝を進めて病虫害に遭いにくい体質になる。『現代農業』ではそれを「酢防除」と呼んできたのだが、最近は、さらに酢に除草効果があることが注目されているらしい。

奈良県大和郡山市で米の無農薬栽培に取り組む西川健次さんは、去年、１００円ショップのダイソーで食酢の除草剤を見つけ、庭先で試してみた。すると、一番やっかいなコニシキソウも、翌日には茶色くなって完全に枯死。以来、気に入って使い続けているそうだ。

「意外と効果テキメンです。前はグリホサート系の安い除草剤をハケで塗っていたんですが、お酢はキャップを取って散布するだけだからラク。それに、グリホサートを使ってしばらくは孫や犬が庭に出ないよう気を付けていたけど、食酢なら安心してまける。少しニオイが気になるので、犬は近づきません」

８００㎖で１００円と安いが、原液で散布するため、大面積に使えば割高だ。西川さんはもっぱらピンポイントの庭先利用として愛用している。

編

竹を枯らすなら、どの除草剤？

農耕地で使えるのはグリホサート系だけ。でも、タケノコは採れなくなる。

竹に効く除草剤について農家にアンケートを送ったところ、「ラウンドアップがおすすめ」とか「クロレートSを使ってる」「ササ枯らしのフレノック10粒剤は竹にもよく効く。2〜3年長効きするから要注意」「二刀両断（登録外除草剤）を2回散布すれば枯れる」など、さまざまな回答があった。

しかし調べてみると、同じ竹を枯らすにも、その生えている場所によって使える除草剤は違うようだ。まず、畑地に侵入してきた竹にはラウンドアップマックスロードやタッチダウンiQ、草枯らし（いずれも9）ほか、グリホサート系の除草剤が約10種登録されている（登録は「畑作物」）。いずれも夏から秋の生育期に竹の節に穴をあけ、原液を注入して枯らす。

山林などの「樹木類」では、グリホサート系に加え、クロレートSやクサトールFP粒剤（どちらも0）も使える。そして庭先や土手、駐車場などでは、以上に加えて「樹木等」に登録のあるデゾレートAZ粒剤0も使える。

ただし、これらの除草剤を使った場合、タケノコの採取はNGだ。タケノコ畑に使える除草剤は「タケノコ」または「野菜類」に登録があるもので、その中に「竹類」に効くものはない。裏庭に侵入した竹に除草剤を使えば、その近くに生えたタケノコは販売できなくなる。そもそもラウンドアップなどのラベルには「処理竹から15m以内に発生したタケノコを2年間は食用にしないでください」と注意書きがある。成分が残っているかもしれないので、自家用でも避けたほうがいい。

ちなみに、フレノック10粒剤0は、非農耕地や開墾地のササやススキ、チガヤ用の除草剤で、竹類の登録はない。しかし元JAながみねの坂田寛樹さんによれば、秋から冬に散布でき、一緒に竹類も枯れるので「農家に人気」なんだとか。編

図解 屋敷まわりから見た農耕地・非農耕地

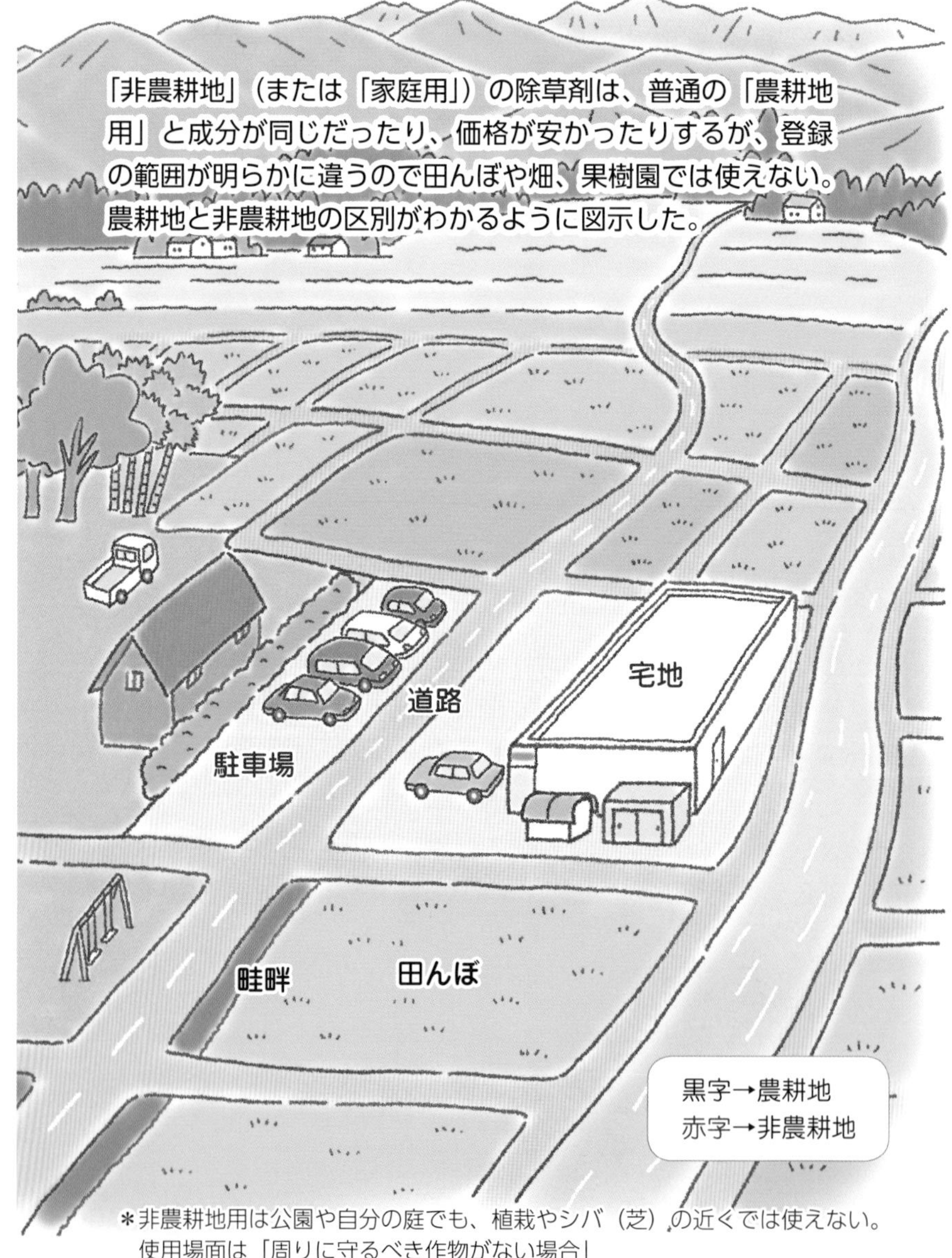

＊非農耕地用は公園や自分の庭でも、植栽やシバ（芝）の近くでは使えない。使用場面は「周りに守るべき作物がない場合」

竹を枯らしたい場合

●畑に侵入してきた竹（農耕地）——→グリホサート系（登録は「畑作物」）
●山林の竹（農耕地）——————→（登録は「樹木類」）
●宅地、土手、駐車場の竹（非農耕地）→デゾレートAZ粒剤（登録は「樹木等」）

なお、これらを使った場合、タケノコは採れなくなる

一年生雑草と多年生雑草の見分け方

一年生雑草は土壌処理剤で叩く

除草剤ラベルの「適用雑草名」には、だいたい「一年生雑草」や「多年生雑草」など大きな分類だけが書いてある。しかし、困っている雑草がどっちかわからない場合もあるはず。そんな時、手っ取り早いのは数株引っこ抜いてみることだ。簡単に抜けて、根っこしかなければ一年生。抜きにくくて、根っこが切れる、または根と一緒に根茎（地下茎）などがくっついてくれば多年生だ。

一年生雑草はタネから発芽して、1年以内にまたタネをつくって枯れるもの。例えば春～夏に芽を出して秋までにタネをつけるヒエ類やメヒシバ、スベリヒユなど（夏雑草）、秋に出芽して春に開花結実するスズメノテッポウやナズナ、ヤエムグラなど（冬雑草、越年草）がある。多くの「土壌処理剤」はこの一年生雑草を対象としている。これらはタネが小さい（地表近くで発芽する）ため、土壌処理剤が効きやすいのだ。

多年生「地下拡大型」が難敵

一方の多年生雑草は、種子繁殖だけでなく栄養繁殖もして数年生きる。地上部が枯れても、根茎などが残ってまた翌年芽を出すのでやっかいだ。深くから出芽するため、土壌処理剤の効果は期待できない。

タイプは三つ。「**単立型**」はイヌホタルイやヘラオモダカ、タンポポやギシギシなど。大量にタネを落と

一年生雑草と多年生雑草の違い

一年生雑草

- 容易に引き抜ける
- 引き抜くと根が付いてくる
- 広葉雑草の場合、葉植物には子葉がある

多年生雑草

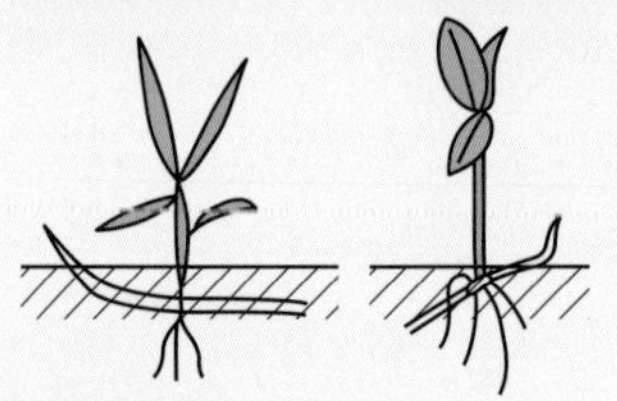

- 引き抜きにくい
- 引き抜くと根が切れてしまう
- 根と一緒に根茎などが付いてくる

（図はいずれも『農業総覧　原色病害虫診断防除編』より）

多年生雑草の叩き方

地下拡大型

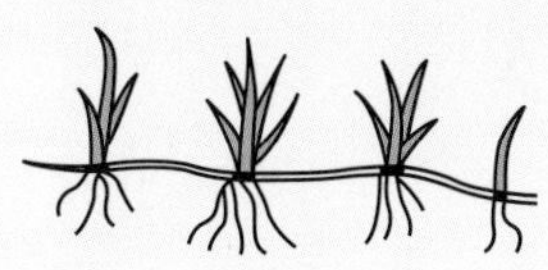

ウリカワ

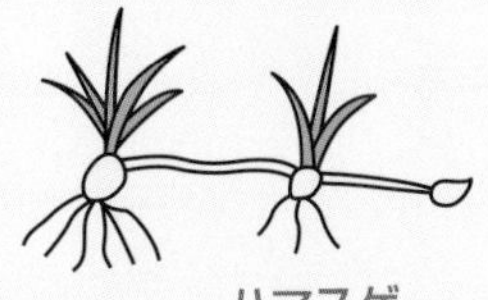

ハマスゲ

引っこ抜こうにも、地下部が残る

→ 茎葉処理剤で1～2年、根気よく地上部を叩き続ける

地表匍匐型

キシュウスズメノヒエ

引っこ抜こうとすると、途中でちぎれて残る

単立型

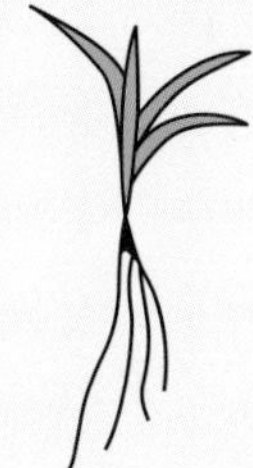

イヌホタルイ

株ごと引っこ抜くことも可能だが、埋めても死なない

→ 吸収移行型茎葉処理剤で叩ける

※それぞれの主な雑草の写真は次ページ

したり、分けつなどによって増える。一見、一年生雑草の姿にも似ている。

「地表匍匐（ほふく）型」はキシュウスズメノヒエやセリ、カタバミなど。地表近くを這って、節から芽や根を出して繁殖。引き抜こうにも、途中でちぎれて生き残ったりする。この2タイプには吸収移行型茎葉処理剤が有効だ。どちらも株ごと枯れやすい。

問題は**「地下拡大型」**だ。地下茎などを伸ばして、その先端や途中の節から萌芽する。クログワイやウリカワ、スギナやハマスゲなど。地下30cmからも茎を伸ばし、ロータリをかけても再生してくる。吸収移行型茎葉処理剤でも地下部が残ったりする。しかし、栄養繁殖器官の寿命は比較的短い。1～2年徹底的に叩いて、根絶を目指したい。

編

よくみる一年生雑草と多年生雑草

（とくに記載のない限り、写真は浅井元朗提供）

一年生雑草

スベリヒユ

メヒシバ

アカザ

スズメノテッポウ

タデ（イヌタデ）

多年生雑草

キシュウスズメノヒエ

イヌホタルイ（森田弘彦提供）

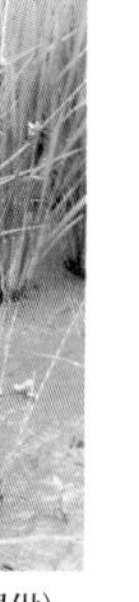

クログワイ

スギナ（倉持正実撮影）

第2章
除草剤ラベルには書いてない大事な話

散布のタイミングの話

Q 除草剤をまくのは雨の前？ 後？

A 茎葉処理剤の場合、雨の直前は控えてください。効果が落ちてしまいます。

日本植物調節剤研究協会・山木義賢

茎葉処理剤（17ページ）は、散布後すぐに雨が降ると、薬液が雑草の茎葉から吸収されずに流されてしまい、効果が劣る場合があります。晴れの日に散布したほうが確実です。

パンフレットやホームページなどに、降雨の影響が書かれている除草剤もあります。例えば、同じグリホサート系 9 でも、ラウンドアップマックスロードやタッチダウンiQは「散布から1時間経てば、その後に雨が降っても大丈夫」、ジェネリックのサンフーロンや草枯らしＭＩＣは「散布後6時間は雨の降らない日を選んでください」などと記載されています。

従来、降雨で効果が落ちるのは散布後6時間程度といわれていましたが、各メーカーが副成分の展着剤などに工夫を凝らし、付着量や吸収量を改善しました。その結果、降雨による影響が短い時間ですむ除草剤も出回るようになったのです。

土壌処理剤は雨の後、ほどほどに湿っている状態で。

北海道清里町・安田貴史

北海道の畑作専業農家です。ジャガイモの初期除草では、ロロックスやセンコル（ともに5）などの土壌処理剤（17ページ）を使っています。

これらの除草剤を散布すると、土壌の表層に「処理層」ができます。雑草のタネは主に表層から出芽し、薬剤を吸って枯れます。でも、土壌が乾燥していると、薬剤がきれいに広がらず、ムラができてしまうんです。そうなると効果が落ちてマズイ。反対に土壌の水分が多すぎると、薬剤によっては地下深くまで浸透し、作物の根から吸われて薬害が出ることもあります。そもそも、畑がぬかるんでいると、作業性が悪く、防除しづらいでしょ。

そこで、私は雨が降ってしばらくして、トラクタ（ブームスプレーヤ）が入れるようになってから、除草剤をまくようにしています。「ほどほどの水分」がいいですね。

安田貴史さん。栽培品目は小麦25～27ha、テンサイ24ha、デンプン原料用ジャガイモ14～15haなど

もし、どうしても乾燥しているときに散布しないといけなくなったら、「薄めにたっぷり」でいきます。薬量を増やすより、水量を増やしたほうが効果は安定すると思います。（談）

散布する時間帯はいつがいいですか？

飛散防止のためにも、早朝散布を心がけましょう。

山木義賢

除草剤に限らず、農薬は風による飛散（ドリフト）がないように散布することが大前提です。その点では、早朝が適しています。

ただし、茎葉処理剤の場合、雑草の茎葉に朝露があると、理由ははっきりしませんが、効果に影響を及ぼす可能性があります。茎葉が濡れた状態で散布するなら「微粒剤」を使うのもひとつの手です。

午後よりも午前のほうがはるかに効く。

㈱ウエルシード鹿嶋支店・小林国夫

除草剤をまく条件は、「晴れている午前中」「散布後半日は降雨がないこと」がベスト。例えば、プリグロックスL 22 は「光を利用して雑草を枯らす」という特徴があるので、夕方よりも朝散布して、長い時間光に当てたほうが効果的です。

他の茎葉処理剤も朝が適しています。雑草に朝露が付いていると、除草剤の濃度が薄まったり、薬液

肥料や農薬、タネを扱う㈱ウエルシードの小林国夫さん。農家に農薬の使い方などをアドバイスする（依田賢吾撮影）

がこぼれ落ちたりして、効きが悪くなるといった声もあるようですが、あまり気にしなくていいと思います。バスタやザクサなどグルホシネート系10の除草剤は、効きをよくするためにたっぷり散布するのが前提。朝露で効果が落ちる心配はありません。

むしろ、プラスになる面もあるはずです。自分なりの解釈なのですが、雑草は早朝、葉の縁に朝露が付くと、午前中に体内へ取り込もうとします。その生理現象を利用すると、除草剤がよく吸われ、一段と効果が高まるのです。農家にも朝散布をすすめていますが、みなさん「よく枯れる」と実感。スギナやシノダケなども、根気よく朝散布していると、そのうち全滅しますよ。

反対に、散布する時間帯が遅いと、効果が劣ります。午後になると、雑草は盛んに蒸散して水分を出すので、思ったほど除草剤が吸収されないのです。

（談）

Q 水稲用除草剤のラベルに「ノビエ2・5葉期」って書いてあるけど、いつなの？

A だいたい代かきの2週間後と考えておけばOK。

山木義賢

除草剤のラベルには、「移植後○日～ノビエ○葉期」といったように、使用できる始めから終わりまでの期間が記載されています。それは作物への影響と除草効果から決められます。一般には、期間内の始めと終わりのギリギリよりも、真ん中のほうが、除草剤の性能が発揮されます。

仮に、「ノビエ2・5葉期」までだとしたら、地域や水温によっても違いますが、代かきのおよそ2週間後までです。ただし、そのタイミングで除草剤を散布すると、終わりギリギリになってしまうので、余裕を持って早めに散布しましょう。そのほうが効果は安定します。

ノビエの葉数を気にするより、初期剤を田植え前に散布して、ゆとり防除。

㈱ウエルシード鹿嶋支店・小林国夫

除草剤のラベルに「ノビエ○葉期」と書いてあっても、よく観察するしか方法がありません。それよりも、シング乳剤 0 15 やエリジャン乳剤 15 などの初期除草剤を田植え前に処理しておくのが現実的です。残効性があるので、あとで中後期除草剤を慌てて散布する必要がなく、うまくいけば、使わなくてすむかもしれません。「ゆとりの防除」ができると思います。（談）

ノビエ2.5葉期の目安

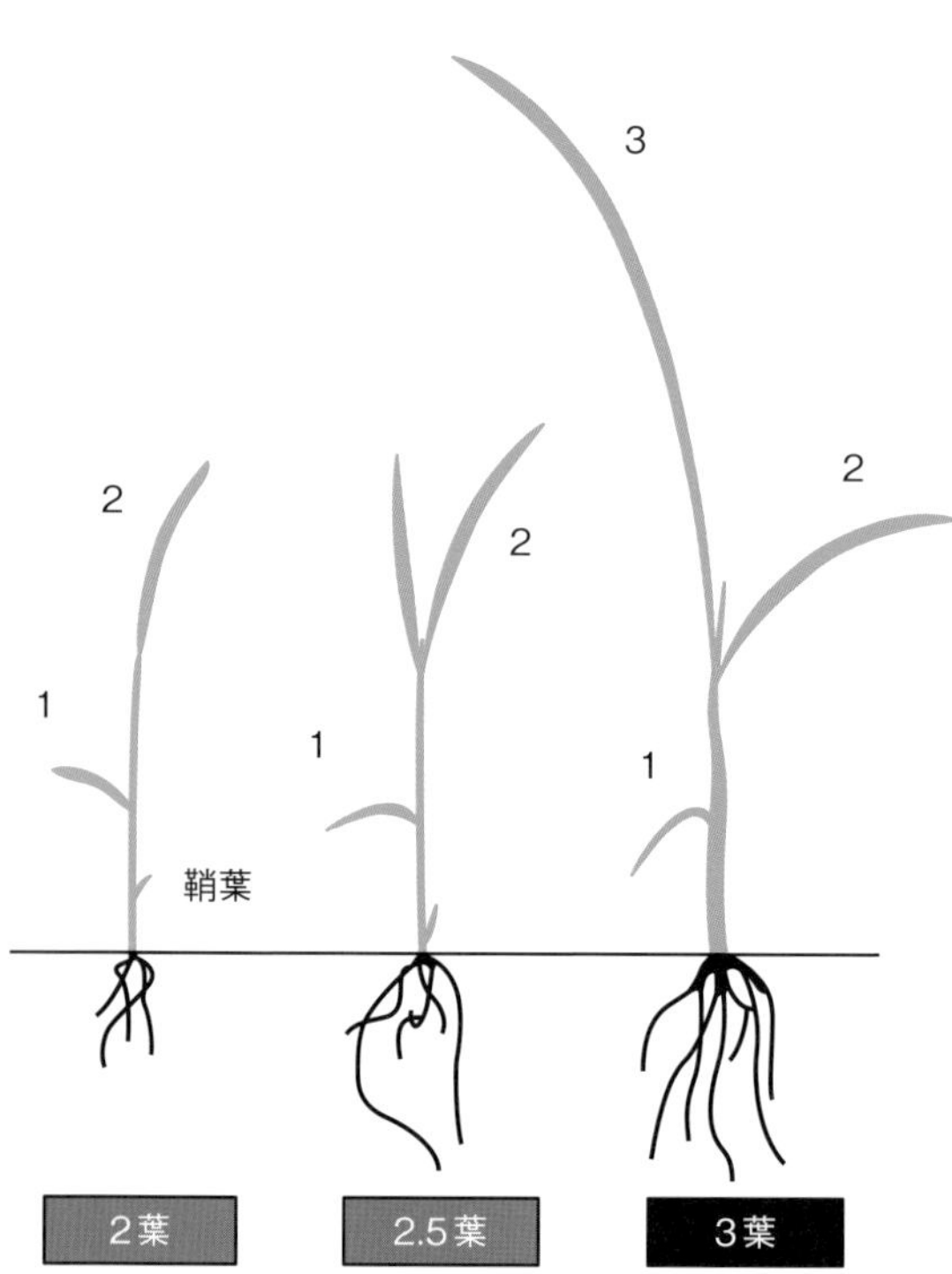

気温が低いと、除草剤は効かないの？

そんなことはありません。かつての定説が覆されつつあります。

大分県中津市・小原 誠

カンキツを2・5ha栽培しています。オオアレチノギクやイヌホオズキ、ギシギシなどの外来雑草はたちが悪く、夏場にグリホサート系 9 の除草剤を50倍で散布しても、すぐに再生してしまいます。ところが、冬場なら100倍で根まで枯れることが最近わかりました。おそらく、冬は雑草の活性が落ち、弱っているからでしょうね。「除草剤は温度が低いと効かない」というのが今までの定説でしたが、それとはちょっと違った現象が起こっているようです。（談）

近年は温暖化で、真冬でも除草剤をまきます。

茨城県古河市・塚原雄二

昔に比べて、暖冬ですからね。本来は3～4月に生えるはずのナズナやホトケノザが、12月からもう出てきます。放っておくと大変なことになるので、真冬に除草剤を散布。気温もそこそこあるせいか、ちゃんと効きますよ。（談）

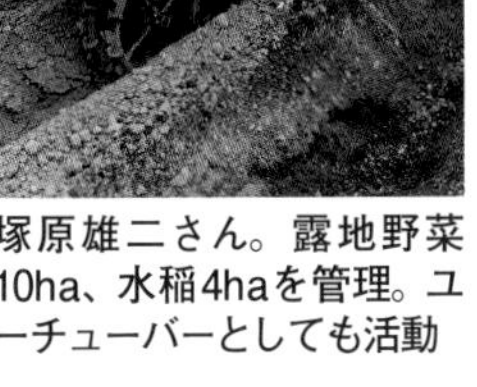

塚原雄二さん。露地野菜10ha、水稲4haを管理。ユーチューバーとしても活動

直売農家

村上カツ子さんと まだ幼い雑草を見る

熊本県合志市・村上カツ子さん

除草はやはり最初が肝心、と痛感しているカツ子さんは、除草剤をまくときも早め早めを意識している。これがもし草が大きくなってからだと、うまく効かないこともあるし、また芽吹いて再生してしまうこともある。畑に枯れ草が横たわるのも、見苦しくていただけない。雑草が発芽してすぐ、ササッと除草剤を散布しておけば、効果的だし、薬液の量も少なくてすむ。そんなカツ子さんと、雑草のまだ幼い頃の写真を見た。

ナズナを観察する村上カツ子さん。田が3ha、畑が1haある

ハコベ

幼植物。カツ子さんは、葉の「ツルッとした感じ」でハコベだと特定（浅井元朗撮影、以下＊も）

ハコベでしょ。ハコベは芽を出したかと思うと、すぐに花を咲かすとですよ。しかも、タネの数が多かけん、この草は夏も冬も関係なく、年中あるんです。ホントにもうなくさにゃいかん。タネができる前に手を打たないと。

スベリヒユ

幼植物。カツ子さんは、赤い芯に注目（＊）

これはスベリヒユですたい。切った草をそのままにしてちゃダメ。茎が太くて、水分があるからか、なかなか死なんとですよ。花を咲かせて、実をつけてしまいます。だから、このぐらいの大きさのときに取るのがよかですね。

生長したスベリヒユ。茎は横にも上にも伸びる。葉は多肉質（＊）

スズメノテッポウ／スズメノカタビラ

葉身も葉鞘も、スズメノテッポウのほうが長い（＊）

なんだろう？

スズメノテッポウの幼植物。第1葉は線状で、直立。先がとがっている（＊）

左はスズメノテッポウでしょ。それよりも右のスズメノカタビラでしょうね。背丈は伸びないのに、もうとっても元気がよかですよ。除草剤をかけても、枯れたあとからまた芽吹いて、復活します。

【ミニ事典】
いずれもイネ科の一年草で、全国に分布。スズメノテッポウは3月頃から開花し、5～6月に結実。大量のタネを落とす。スズメノカタビラは12～5月に開花。発芽には光が必要なので、地表面近くから出てくる。

スズメノカタビラの穂（赤松富仁撮影）

ナズナ

ナズナじゃなかですか。この葉っぱの白い産毛が特徴です。大きくなると、ゴボウ根が伸び、手じゃ抜けなくなります。

カツ子さんは、葉の表面にある、星形の白い毛に注目（*）

【ミニ事典】
10～20℃での発芽が多く、昼夜の温度差が大きいと発芽率が高くなる。晩夏から秋に発芽し、ロゼット状で越冬し、春に花茎を伸ばし、3～5月に開花結実。土壌がしまった場所に多い。

ナズナの花

メヒシバ

これはメヒシバじゃろ。子どもの頃は夏休みといえば草取りで、このメヒシバに最も苦労しました。花が白かけん、まるで畑に白波が立つようです。そして、半端じゃない量のタネが落ちます。

幼植物。葉は他の主要なイネ科雑草と比べてやや幅広（*）

【ミニ事典】
出芽は4～8月（盛期は5月下旬～6月）。株元から盛んに枝分かれして、地面を這い、横に広がる。節々から不定根を出し、地面に固着、大きな株を形成する。出芽時期や大きさにかかわらず、8月以降にいっせいに出穂。

メヒシバの穂
（皆川健次郎撮影）

タネ播き・植えつけ後にはトレファノサイドなど

そんなカツ子さんの除草剤の使い方は以下のとおり。草が毎年多く生える畑には、あらかじめ除草剤を使う。

ニンジン播種後には、イネ科雑草に効果の高いトレファノサイド粒剤を散布したあと、本葉3～5葉期に広葉雑草に効果の高い土壌処理剤のロロックス水和剤を散布する。これでニンジンの草取りはほとんどしなくてすむ。

ジャガイモを植えつけ後（芽が出る前）や、ネギ、タマネギを定植したあと、キャベツを植えつける前には、トレファノサイド粒剤を作物の上から散粒器で散布しておくと、草が抑えられ、あとの草取りがラクになる。

定植後にトレファノサイド粒剤をまいたあと、カルチベータや除草剤を使いながら草取りしてきた一本ネギの畑（赤松富仁撮影、※も）

作物のウネ間の草にはバスタ

マルチを使う作物にも中耕除草機が入れられないので、除草剤を使う。

以前、サトイモのウネ間に除草剤を散布したところ、サトイモの茎が黄色に変色し、育ちが悪くなってしまった。これをきっかけに、作物のウネ間を除草するときは値段が高くても作物にはやさしい除草剤のバスタを使っている。

バスタは浸透移行性（吸収移行性）が小さいので、万が一作物にかかってしまっても、かかったところだけが枯れるだけだ。

バスタに尿素の300倍を混合して散布したナス畑。草は弱り、ナスは元気に（※）

ちなみに、ナスのウネ間には、バスタに尿素の300倍を混用して散布してみた。『現代農業』に尿素を混ぜると除草剤が早く効くようになり、作物も元気になると書いてあったからだ。やってみると、なるほど、草は弱り、よく枯れた。ナスの芯は濃い紫色で、いきいき元気にしていたとのこと。

倍率と散布量の話

ドクターコトーこと古藤俊二さん。JA糸島営農センター「アグリ」の店長兼技術アドバイザー。単行本『ドクター古藤の家庭菜園診療所』の著作がある

除草剤のラベルには、なんで「希釈倍率」が書いてないの？

薬害が出るのを防ぐため。大事なのは倍率ではなく「薬量」です。

JA糸島アグリ・古藤俊二

「この除草剤は何倍でまいたらいいんだ？」と、お客さんからよく聞かれます。殺虫剤や殺菌剤のラベルには「1000倍」とか「2000倍」とか、散布時の希釈倍率が書いてありますよね（水和剤など）。けれど除草剤には倍率が書いてなくて、代わりに10a当たりの使用量として「薬量（mℓ・g）」と「希釈水量（ℓ）」が示されています。除草剤だけ、適用表の書き方が違うんですね。

これは、作物への「薬害」を防ぐためです。除草剤に含まれているのは、もともと植物を枯らしたり発芽や生育を抑制したりするための成分ですよね。害虫や病原菌を殺すための殺虫剤や殺菌剤と比べると、薬害の危険性が高い。安全に使うためには、面

除草剤と殺虫剤・殺菌剤の登録の違い（単位は10a当たり）

除草剤	（例）		殺虫剤・殺菌剤	（例）
書いてある	100～150ℓ	希釈水量	書いてある	100～300ℓ
書いてある	500～1000mℓ	薬量	書いてない	50～150mℓの間で自分で決める
書いてない	100～300倍の間で自分で決める	倍率	書いてある	2000倍

除草剤は面積当たりの使用量が大事だから、「倍率」じゃなくて「薬量」が書いてあるんデスネ。でもどうせなら、全部書いておけばいいんじゃないデスカ？

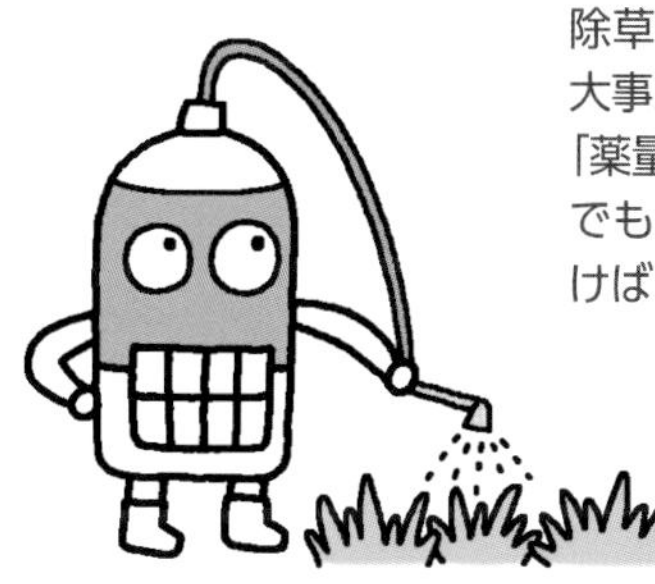

積当たりの使用量（薬量）を厳密に守る必要がある。希釈倍率より薬の絶対量のほうが大事なわけです。

その点、殺虫剤や殺菌剤は薬害が比較的出にくいといえるので、希釈倍率はだいたい決まっていて、面積当たりの薬量は作物の生育や病害虫の出方によって変えられるようになっています。

でも確かに、殺虫剤や殺菌剤の希釈に慣れている農家にとっては「○倍で散布」と書いてあったほうがわかりやすい。だからよく聞かれるんです。

希釈倍率を求めるのは簡単。「希釈水量」を「薬量」で割ればいいんです（65ページ表）。

ただし、希釈倍率が適正でも、効きにくいからといってたっぷり散布すれば、面積当たりの薬量が多くなってしまいます。薬害を防ぐためにも、その点は気を付けてくださいね（100ページ）。

（談）

10a当たりの薬量といっても、田んぼのアゼの面積なんてわかんない。

面積がわからないところは倍率で。計算アプリも便利です。

茨城県龍ケ崎市・**岡田彬成**

僕もアゼの面積はわからないので、希釈倍率を計算して散布してます。使ってるのはタッチダウンiQ 9 やバスタ 10。例えばバスタは一年生雑草も多年生雑草も、10a当たりの薬量は500〜1000mℓで、希釈する水の量は100〜150ℓと書いてある。つまり100倍から300倍で散布できるわけです。

除草剤にはキャップの下に「おまけ」がついていたりしますよね。バスタであれば、そこに「頑固なスギナを100倍で退治」とか「手強いマルバツユクサには200倍で効果あり」とか書いてあるので、それを見て倍率を決めています。

初めて散布する時は、スマホの「計算アプリ」を使っています。タンクの容量と倍率を入れると、必要な薬量が表示されるので便利ですよ。慣れれば暗算できるようになるし、タンクにマジックペンで薬量や水量を書き込んじゃうこともあります。（談）

※岡田彬成さんの記事は32ページにもあります。

希釈倍数 100 倍
散布液量 300 L
使用薬量 g↔kg 3000 g (ml)
散布液量 300 L
※希釈後の液量が上記の散布液量になるように調製してください。
BAYER ! ? 最初に戻る

農薬メーカー・バイエルのアプリ「農薬希釈くん」の画面。タンクの水量と希釈倍率を入力すると、必要な薬量を計算してくれる。類似のアプリはたくさんある

A スポット散布には10ℓタンクがおすすめ。希釈率が計算しやすいですよ。

大分県中津市・小原 誠

ナギナタガヤで草生管理している私の果樹園では、雑草は主にスポット散布で叩いています（除草剤はかなり少なくてすむ）。草種によって濃度や散布量を調整しますが、10ℓタンクの噴霧器（防除器）なら、混ぜる薬量が簡単に暗算できていいですよ。

よく見る雑草はイヌムギやイヌホオズキ、ノゲシなど。例えばよく使うグリホサート系除草剤マルガリーダ 9 の場合、一年生雑草には「少量散布」という登録（66ページ）で50〜200倍に希釈します。10ℓタンクの場合、一番濃い50倍で散布する時は薬液を200mℓ入れればいいし、例えば100倍で散布したい人は100mℓ入れればいい。単純です。

使ってるのは肩掛け式の人力噴霧器です。軽くて扱いやすく、10年使っても壊れません。私はこれひとつで3haの雑草を管理しています。1万円以下なので「少量散布用ノズル」（「ラウンドノズル25」、68ページ）を付けて、除草剤専用にしています。いちいち洗うのが面倒だし、殺虫剤などをまく時に除草剤が少しでも残っていたら大変なことになりますから。（談）

除草剤の倍率換算表（10a当たり）

倍率（相当）		希釈水量							
		5ℓ	25ℓ	30ℓ	50ℓ	70ℓ	100ℓ	150ℓ	200ℓ
薬量（mℓ・g）	100	—	—	300	500	700	1000	1500	2000
	150	—	—	200	333	467	667	1000	1333
	200	25	125	150	250	350	500	750	1000
	250	20	100	120	200	280	400	600	800
	300	17	83	100	167	233	333	500	667
	400	13	63	75	125	175	250	375	500
	500	10	50	60	100	140	200	300	400
	600	8.3	42	50	83	117	167	250	333
	800	6.3	31	38	63	88	125	188	250
	1000	5	25	30	50	70	100	150	200
	1500	—	17	20	33	47	67	100	133
	2000	—	13	15	25	35	50	75	100

＊例えばラベルの使用量（10a当たり）に「薬量250〜500mℓ」「希釈水量100ℓ」とあった場合、その除草剤は200〜400倍で散布できることになる

「少量散布」ってなに？

吸収移行型の茎葉処理剤をラクに散布する方法のこと。「超少量散布」も登場しました。

「少量散布」とは、茎葉処理剤の散布水量（希釈水量）を大幅に減らすやり方のこと。普通は10a当たり100〜200ℓ散布するところ、25〜50ℓまで減らせる。大量の水を用意せずにすむし、混ぜたり運んだりする手間も減らせる。散布作業もラクになるし、動噴の燃料も節約できる。

いいことずくめのやり方だが、残念ながら、どんな除草剤でもできるわけじゃない。ラウンドアップ 9 をはじめとする「吸収移行型」の茎葉処理剤での登録のある散布方法で（ただし、少量散布の登録がないグリホサート系除草剤もある）、一般的には少量散布用の「除草剤専用ノズル」（67ページ）を使う。

吸収移行型の茎葉処理剤は、雑草全体に散布せずとも、葉や茎の一部に付着した成分がゆっくり全身に回り、いずれ根っこまで枯れる（26ページ）。ひと株にちょっとずつ付着すれば枯れるので、たっぷり散布しなくてもいいわけだ。肝心の効果も、通常散布とほぼ同等だとか。

そしてラウンドアップマックスロード 9 では去年、さらに少ない水量の、わずか5ℓで10a散布する方法も登場した。いうなれば「超少量散布」である。専用のノズル（ラウンドノズルULV5）が必要だったり、樹木類（41ページ）他いくつかの品目でまだ登録がなかったりするが、さっそく取り入れた農家もいるようだ（69ページ）。

ちなみに、ラウンドアップマックスロードと同じ成分のタッチダウンiQ（93ページ）では、この「超少量散布」の登録はない。専用ノズルを使ってまいても登録違反となるので要注意。 編

「除草剤専用ノズル」って、普通の防除用ノズルとどこが違うの？

ドリフトや散布ムラを軽減するノズルで、基本は「キリナシ」です。

除草剤専用ノズル。薬液の粒子が大きく、ドリフトしにくい
（以下、写真提供：ヤマホ工業株式会社）

ねらった雑草にだけかかる

散布した除草剤がドリフト（飛散）して作物にかかれば、薬害が出たり枯れてしまったりする。ねらった雑草だけにかかってほしいのだ。そこで、ほとんどの除草剤専用ノズルは「キリナシノズル」だ。

殺虫剤や殺菌剤を散布する時に一般的に使われるのは「霧ありノズル」。薬液が細かい霧状になって作物を覆うように散布する。対してキリナシノズルから噴き出るのは大粒の水滴（薬滴）で、風で流されにくく、散布する人が浴びてしまうことも少ない。

殺菌剤の散布にキリナシノズルを愛用する果樹農家も多いが、除草剤専用ノズルはそれよりさらに薬液の粒径が大きく、ドリフト軽減効果がもっと高い。

例えば上の写真はヤマホ工業の「キリナシ除草R型」。噴口の脇から空気を取り込みながら、大粒の薬

液を約110度の扇形に噴き出す。平均粒子径420㎛（1MPa）は、殺菌殺虫剤用のキリナシノズルの3～4倍の大きさだ。ドリフトしにくく、キャッチバルブ（逆流防止弁）で除草剤のボタ落ちも防ぐ。茎葉散布剤にも土壌処理剤にも使える。

もちろん普通の霧ありノズルでも、飛散防止カバーを付けたり、噴霧器の圧力を上げすぎなければ除草剤はまける。しかし専用ノズルはひとつ1500円程度、揃えておいてもよさそうだ。人力用、動力用、バッテリー用があって、それぞれ噴霧する圧力に耐えられるよう作られているので、自分の噴霧器に合わせて選びたい。

ラウンドアップ用、バスタ用

除草剤ノズルには、ラウンドアップ9とかバスタ、ザクサ（ともに10）といった商品ごとに、それぞれ専用ノズルがあったりもする。殺虫剤のプレバソン用ノズルとか殺菌剤のジマンダイセン用ノズルはないのに、どうしてだろうか。

これは、除草剤の種類によって、必要な散布量が違うから。例えば接触型のバスタ専用やザクサ専用ノズルは、吸収移行型のラウンドアップ専用ノズルと比べ、薬液の噴出量が多い（目安は10aに1000～2000ℓ）。茎葉の一部にかかれば枯れる吸収移行型と違い、接触型は雑草全体にたっぷり散布したいからだ（26ページ）。

バスタノズルとザクサノズルはほとんど同じ。大きな違いはなく、バスタノズルでザクサもまけるようだ。同様にラウンドアップ用のノズルで、他のグリホサート系ジェネリック除草剤もまける。

グリホサート系の少量散布用

ラウンドアップ用のノズルは3種類ある。ラウンドノズル100と50と25。数字は吐出量の目安を示していて、一番多い「ラウンドノズル100」は10aに最大100ℓまく時（通常散布）に、同50ならその半分の散布量の時に使うわけだ。

65ページの果樹農家、小原誠さんが使っているのは「ラウンドノズル25（人力用）」。10aに25ℓの「少量散布」ノズルで、グリホサート系9の吸収移行型除草剤専用だ。散布量が少なくてすむため、バスタ用ノズルと比べると、散布時間はおよそ半分ですむとか。

「ただし、グリホサートに抵抗性のついたオオアレチノギク（91ページ）には、バスタを100倍でたっぷりかけたほうが効く。使い分けも必要です」

「超少量散布」の専用ノズル

これらラウンドノズルシリーズに新たに加わったのが「ULV5」（税抜3300円）。現在、ラウンドアップマックスロード[9]でのみ登録がある「超少量散布」（66ページ）に必要な専用ノズルで、高濃度の10倍液でも散布できる。これを使えば10a当たりの散布量は5ℓに減らせ、たった30分で終わるようになるという。

31ページの萩原拓重さんは、アゼの除草剤散布に、このULV5を使い始めた。

「薬液が少量ですむので軽いし、調合の回数が減らせるのはラクでいいですね。ただし高濃度で粘度の高い液を散布するので、噴霧器への負担が大きく、長時間使うと竿が熱くなったりします」

広角でたっぷりまける土壌処理剤専用

土壌処理剤の専用ノズルもある。土壌処理剤の活用を推進する和歌山県のJAながみねが開発したノズルで、ひとつ税込2910円。

少量散布も可能な茎葉処理剤と違い、土壌処理剤は薬液をたっぷりムラなく散布するのがコツ（19ページ）。そのため、あえて霧状に散布できる噴口を二つ付けてある。散布幅が広く、薬液の噴出量も多くて散布ムラが少ない。土壌処理剤がよく効くようになったと評判で、使う農家が増えているようだ。

JAながみねが開発したノズルの問い合わせは㈱マツザキ TEL0736-64-6427。編

「ラウンドノズル25動力用1頭口R型」。吸収移行型除草剤専用で、他の除草剤ノズルよりも粒子が大きい

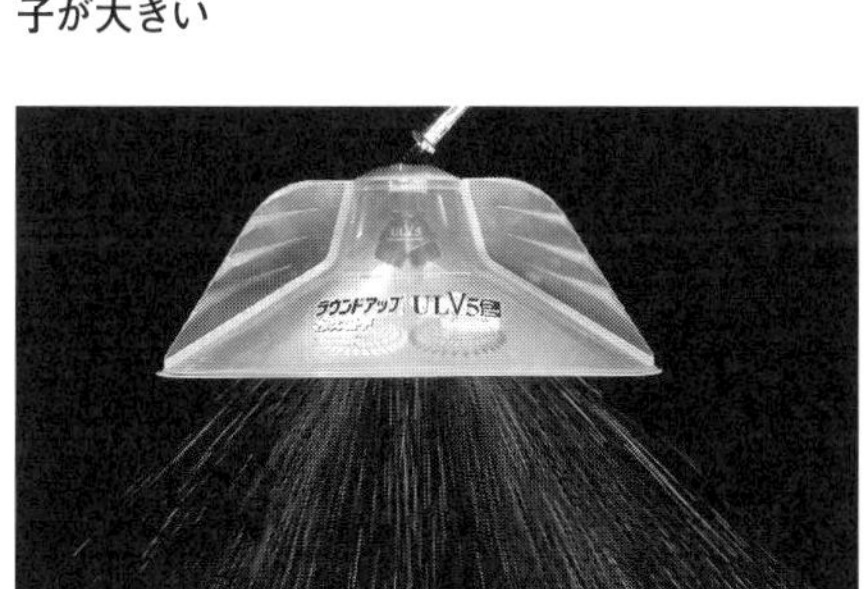

登場したばかりの「ULV5」。ラウンドアップマックスロードの「超少量散布」専用ノズル

展着剤の話

Q 除草剤にも やっぱり展着剤を混ぜたほうがいいの？

A すべての除草剤に混ぜる必要はありませんが、速効性や耐雨性がアップする組み合わせもありますよ。

川島和夫（77ページまで）

日本には展着剤が62品目あります（表1）。機能面から「一般展着剤」「機能性展着剤（アジュバント）」「固着剤」の三つのカテゴリーに分けることができ、さらにアジュバントには殺虫剤や殺菌剤などに広く汎用的に使用できるタイプと「除草剤専用タイプ」とがあります。

除草剤専用の展着剤があるといっても、すべての除草剤に混ぜる必要はありません。じつは展着剤にも農薬登録が必要で、ラベルには適用農薬・作物・使用量・使用方法が記載されています。

まずは除草剤のラベルを見ましょう。注意事項に展着剤の混用が推奨されていれば、積極的に活用できます。次に展着剤のラベルを見て、適用農薬の欄に使用する除草剤の成分が記載されているかどうかを確認しましょう。

除草剤の種類によりますが、除草剤専用の展着剤を混ぜると単に展着性を高めるだけでなく、以下のようにより積極的な効果も期待できます。

表1　展着剤の分類

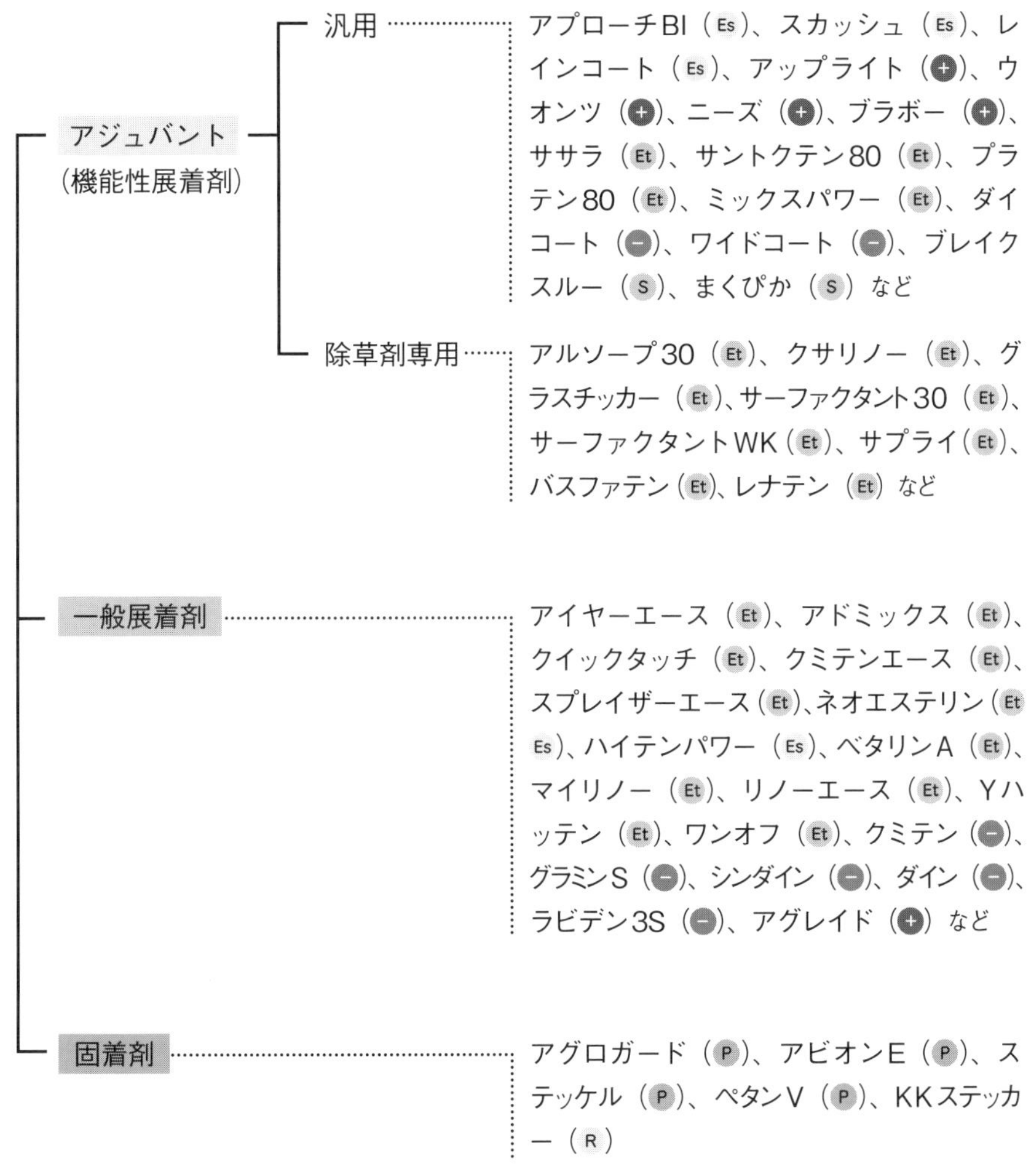

農業現場で求められる機能（商品コンセプト）からみた展着剤の分類。商品名のあとのマークは、有効成分からみた分類で、Et＝エーテル型非イオン性界面活性剤、Es＝エステル型非イオン性界面活性剤、−＝陰イオン性界面活性剤配合、+＝陽イオン性界面活性剤配合、P＝パラフィン、R＝樹脂酸エステル、S＝シリコーンを示す

＊展着剤のラベルに分類表示はされていないが、有効成分名の最後に「エーテル」の文字があればエーテル型、「エステル」があればエステル型、「ナトリウム」「カルシウム」があれば陰イオン性、「アンモニウム」があれば陽イオン性と考えてよい

①薬剤の速効性が上がり、薬効が安定する

例えば、水田畦畔などの雑草処理ではグリホサート系（ラウンドアップ、タッチダウンiQ、サンフーロン9など）やグルホシネート（バスタ10など）、グルホシネートP（ザクサ10など）といった茎葉処理剤が多用されています。そこへ非イオン性の除草剤専用展着剤であるサーファクタント30を混ぜると、速効性が出るとともに薬効が安定化します。スギナへの効果が弱いというグリホサートの欠点も補われます（表2）。

非イオン性の展着剤とは、有効成分である界面活性剤が水に溶けても帯電しないタイプのものです。界面活性剤薬害リスクは陽イオン性、陰イオン性の界面活性剤より低くなります。もともと、グリホサート系などの除草剤には、雑草への薬剤成分の浸透を高めるために界面活性剤が一定量入っているのですが、展着剤を加えることで界面活性効果がさらに高まるのです。

また、同じく水田畦畔や畑でよく使われるジクワット、パラコート（プリグロックスL22など）は、それ自身が陽イオン性の除草剤（水に溶けるとプラスに帯電する）です。もともとグリホサート系より速効性がありますが、やはり非イオン性の除草剤専用展着剤を混ぜると、展着性がよくなってさらに速効性が上がり、除草効果が安定します。

②土壌処理剤なのに茎葉処理剤の効果が発現

ゴルフ場のシバや公園の樹木などで使われるMCPP剤4やブロマシル剤（ハイバーX5など）といった土壌処理剤に除草剤専用展着剤のサーファクタントWKを混ぜると、メヒシバなどの難防除雑草が発芽してからでも殺草効果が発現します。

この技術は古くから米国で普及しており、アジュバント活用（機能性展着剤を高濃度で使用して薬効を増強させる）の代表的な事例です。これらの除草剤を単独で処理した場合には、発芽したメヒシバにまったく効果がないことは海外の試験成績からわかります（表3）。

また、シバ用除草剤の土壌処理剤では、スズメノカタビラやスギナ、カタバミなどの難防除雑草を抑えるのも難しいですが、オキサジアルギル水和剤（フェナックスフロアブル14）処理時に非イオン性展着剤を混ぜた試験では、3～4葉期のスズメノカタビラにも優れた除草効果が確認されました（表4）。

表2　グリホサート塩＋展着剤　生育中のスギナへの効果

No.	試験区	6/3	6/17	6/27
1	グリホサート塩単独　1000mℓ／50ℓ／10a	2.5	2.5	2.5
2	1＋サーファクタント30混用	3	4	5
3	グリホサート塩単独　2000mℓ／50ℓ／10a	3.5	4	5
4	3＋サーファクタント30混用	4.5	6.5	7

北海道での試験結果。スギナ優占の放任地（非農耕地）にて、グリホサートカリウム塩48％液剤単独と、サーファクタント30混用で比較。処理後の状態を0（効果なし）～10（完全枯死）で評価。展着剤を加えると完璧ではないまでも、効果が増すことがわかる

表3　ブロマシル＋展着剤　生育中のハトムギ、メヒシバへの効果

試験区	ハトムギ	メヒシバ
サーファクタントWK混用	10	9
陰イオン性界面活性剤（海外製品）混用	4	7
非イオン性界面活性剤（海外製品）混用	5	6
ブロマシル剤単独	0	1

米国での試験結果。除草剤はブロマシル80％水和剤を85g/10a（散水量50ℓ）使用。展着剤は200倍の高濃度で混用。発芽後20日のハトムギと16日のメヒシバへの効果について、処理後14日目の状態を0（効果なし）～10（完全枯死）で評価。ブロマシル単独ではハトムギもメヒシバもほとんど効果がなかったが、サーファクタントWKを混ぜると高い除草剤活性を示した

＊サーファクタントWKをシバに使うときは、1000～2000倍とする

表4　シバ用除草剤＋展着剤　生育中のスズメノカタビラへの効果

試験区	除草剤	無処理対比残草量（％）	無処理対比残草量（％）
	g/a	1～2葉期	3～4葉期
展着剤添加	5	1	2
	10	0	1未満
	20	0	0
無添加	5	5	9
	10	1	5
	20	1	5
無処理	—	100	100

土壌処理剤のオキサジアルギル水和剤（フェナックスフロアブル）にエーテル型非イオン性展着剤（サーファクタントWK）2000倍を混ぜたときのスズメノカタビラへの効果。展着剤添加区では、3～4葉期でも茎葉処理剤的にピシャッと抑えられた

③耐雨性が向上する

ノビエ対策などで使われる水稲用除草剤のシハロホップブチル乳剤（クリンチャーEW 1 など）について、非イオン性やシリコーン系展着剤、マシン油乳剤など7種類の展着剤を混ぜて効果の安定化を調べたところ、エーテル型非イオン性展着剤を混ぜたときにもっとも優れた効果を発揮することが確認されました。その展着剤を混ぜると、イネに薬害を発生させずに耐雨性を高めることが確認されており、シハロホップブチル乳剤散布の際にはサーファクタント30などのエーテル型非イオン性展着剤を混ぜることが推奨されています。

また、米国でグリホサートの耐雨性を高めるために、シリコーン系とエーテル型非イオン性の展着剤を加えたときの効果が調べられました。学会誌によると、雑草の種類によって異なる結果が出たと報告されています。イネ科のイヌビエには展着剤を混ぜても耐雨性向上は認められないが、カヤツリグサ科雑草にはシリコーン系展着剤を混ぜると、より顕著に耐雨性が向上すると観察されました。

最近のグリホサートに関する基礎研究でも、シリコーン系展着剤を混ぜたときの薬剤の取り込み量は雑草種によって異なることが示されており、耐雨性効果も雑草種に依存することが再確認されています。

除草剤専用じゃない展着剤、スカッシュやアプローチを混ぜてもいいの？

除草剤専用でない展着剤でも使えるものはあるが、注意が必要です。

前述のように展着剤も農薬登録が必要で、剤ごとに適用農薬・作物・使用量・使用方法が規定されています。

例えば、スカッシュの適用農薬に除草剤は含まれないので使用できません。しかし、アプローチＢＩは殺虫剤や殺菌剤とともに非選択性除草剤も適用農薬に含まれるため、使用可能です。

まくぴか、ハイテンパワー、アイヤーエースなども除草剤に使うことはできます。ただし、単に雑草への浸透を高めるだけでなく、速効性・難防除雑草処理・耐雨性の向上など、プラスαの効果を得るには除草剤専用展着剤の使用をおすすめします。

除草剤専用の展着剤は今、何種類くらい売られているの？

A 現在流通している商品は7種類です。

「農薬要覧２０１９」によると、国内で登録されている展着剤62種類のうち、除草剤専用は12種類あります。しかし、実際に流通している商品は7種類です（表5）。

除草剤専用の展着剤は、すべてエーテル型非イオンを有効成分とする商品であり、もともと植物毒性（薬害）を持っており、作物へ散布すると薬害が発現するリスクがあります。それゆえ、除草剤専用の展着剤を混ぜると、殺草効果が上乗せされるわけです。非選択性除草剤のみに使用できるタイプや除草剤全般に使用できるタイプがあるので、展着剤のラベルをしっかり確認してください。

例えば、サーファクタントＷＫとサーファクタント30は、どちらも全国で流通していますが、ＷＫは主に非選択性やシバ用の除草剤に使えるのに対し、30は除草剤全般で使えるなどの違いがあります。なお、有効成分はＷＫのほうが2倍以上含まれているので、一見よく効くように思えますが、その他の成分の有機溶剤（アルコール分など）も展着剤的な働きをするため、総合的な効果は変わりません。

逆に、展着剤を混ぜちゃいけない除草剤、ムダになる組み合わせもあるの？

陽イオン性除草剤に陰イオン性の展着剤を混ぜると成分がくっついて固まったりします。

ジクワットやパラコートなどを含む陽イオン（カチオン）性除草剤に展着剤を混ぜる場合は非イオン性が最適です。間違って陰イオン性の展着剤（グラミンS、シンダインなど）を混ぜると、除草剤の中の成分がくっついて固まり（凝集）、効果が出なかったり、ノズルが詰まったりするリスクがあります。

陰イオン性展着剤かどうかはラベルに記載されていませんが、有効成分名の最後に「ナトリウム」や「カルシウム」の文字があれば、陰イオン性と判断できます。また、陰イオン性展着剤をグリホサートカリウム塩（ラウンドアップマックスロード、タッチダウンiQ 9 など）に混ぜると、やはり凝集してしまうので混ぜないように指導されています。

登録会社	有効成分	含量(%)	備考
花王	ポリオキシエチレンドデシルエーテル	78	全国で流通、主に非選択性除草剤やシバで使用可能
北興	〃	78	全国で流通、ビート用途が主体
丸和	〃	30	全国で流通、除草剤全般で使用可能
サンケイ	〃	30	沖縄で流通、除草剤全般で使用可能
第一農薬	〃	30	〃
日農	ポリオキシエチレンオクチルフェニルエーテル	10	全国で流通、非選択性除草剤で使用可能
日農	〃	50	〃

＊汎用タイプのアプローチBIや、まくぴかなども除草剤の登録はあるが非選択性除草剤に限定される。展着剤はＪＡなどの資材店にお問い合わせください

もちろん、除草剤の注意事項に展着剤の加用が不可とある場合は絶対に混ぜないでください。主剤の除草剤の使用数量をしっかり守ることも基本中の基本です。特に、作物の生育期に散布する選択性除草剤に混ぜると、薬害リスクが高まります。

Q 展着剤に、薬害軽減効果もあったりする？

A 海外の展着剤にはあります。

海外では薬害軽減効果がある展着剤が製品化されていて、「セーフナー」と呼ばれるカテゴリーもあります。国内でもパテント（特許）は複数出されていますが、商品化された事例はありません。

（丸和バイオケミカル㈱　技術顧問）

表５　流通している除草剤専用の展着剤

商品名	
サーファクタントWK	
レナテン	
丸和サーファクタント30	
サンケイサーファクタント30	
一農サーファクタント30	
クサリノー 10	
クサリノー	

混用の話

除草剤どうしを混ぜるのもあり？

安いグリホサート系のジェネリック農薬に、バスタを薄く混ぜてパワーアップ。

坂田寛樹

わが家のミカン園では、3～4月の春草、6～7月の夏草対策に、土壌処理剤のゾーバー5と茎葉処理剤のプリグロックスL（22以下、プリグロ）を混ぜるのが基本です。ゾーバー単独でも茎葉処理効果はありますが、安い茎葉処理剤の混用で、枯れにくい草が残らなくなります。また、移行型より接触型のほうが安く、多くの雑草に効果があります。膝より高く生えている草があるときは、さらに展着剤のサーファクタントを加えてパワーアップさせています。

左の表は私が作成した雑草別の浸透移行型茎葉処理剤の適正濃度です。安いグリホサート系9のジェネリック農薬を200倍に薄めてセット動噴でかける場合、スイバやカタバミ、メヒシバ、オオバコなどは通常枯れませんが、バスタ10を300倍以上で薄く混ぜるとしっかり枯れます。さらにサーファクタントを混ぜれば、ヤブカラシやドクダミといった厄介な雑草も枯れてしまいます。

ただ、このときバスタではなくプリグロを混用してはいけません。速効性がありすぎて、グリホサートの成分が根まで到達する前に枯れてしまい、雑草が再生するからです。

（和歌山県日高川町・元ＪＡ営農指導員）

雑草別、浸透移行型茎葉処理剤の適正濃度

<table>
<tr><th>200倍で枯れる</th><th colspan="2">草丈が大きければ100倍、小さければ200倍で枯れる</th><th>100倍で枯れる</th><th>50倍で枯れる</th></tr>
<tr><td>オランダミミナグサ</td><td colspan="2">ワルナスビ</td><td>アメリカフウロ</td><td>ヘクソカズラ</td></tr>
<tr><td>スズメノテッポウ</td><td colspan="2">アカザ</td><td>スイバ</td><td>ヤブカラシ</td></tr>
<tr><td>ニワゼキショウ</td><td colspan="2">スカシタゴボウ</td><td>カタバミ</td><td>ドクダミ</td></tr>
<tr><td>シロザ</td><td colspan="2">イヌガラシ</td><td>メヒシバ</td><td>ガガイモ</td></tr>
<tr><td>オニノゲシ</td><td colspan="2">アリタソウ</td><td>オオバコ</td><td>イタドリ</td></tr>
<tr><td>スズメノカタビラ</td><td colspan="2">コアカザ</td><td>カラムシ</td><td>ヘビイチゴ</td></tr>
<tr><td rowspan="2">ギョウギシバ
（バミューダグラス）</td><td colspan="2">コマツヨイグサ</td><td>ヨモギ</td><td>カナムグラ</td></tr>
<tr><td colspan="2">メマツヨイグサ</td><td>クサネム</td><td rowspan="2"></td></tr>
<tr><td>ネズミムギ</td><td colspan="2">チドメグサ</td><td>ススキ</td></tr>
<tr><td>カヤツリグサ</td><td colspan="2">マツヨイグサ</td><td>アレチウリ</td><th rowspan="2">50～100倍で枯れる</th></tr>
<tr><td>ギシギシ</td><td colspan="2">イヌホオズキ</td><td>クワクサ</td></tr>
<tr><td>カラスノエンドウ</td><td colspan="2">オオオナモミ</td><td>ミチヤナギ</td><td>ヤブマメ</td></tr>
<tr><td>オニタビラコ</td><td colspan="2">ブタクサ</td><td>オオイヌタデ</td><td>ハルザキヤマガラシ</td></tr>
<tr><td>コニシキソウ</td><td colspan="2">キクイモ</td><td>オオケタデ</td><td>ヨウシュヤマゴボウ</td></tr>
<tr><td>イヌタデ</td><td colspan="2">ヒメジョオン</td><td>シロツメクサ</td><td>セイヨウタンポポ</td></tr>
<tr><td>タネツケバナ</td><td colspan="2">スズメノテッポウ</td><td>エノキグサ</td><td>セイバンモロコシ</td></tr>
<tr><td>ヤエムグラ</td><td colspan="2">スズメノヤリ</td><td>メドハギ</td><td>アキノノゲシ</td></tr>
<tr><td>ヒエガエリ</td><td colspan="2">オオハンゴンソウ</td><td>イチビ</td><td>ヒメムカシヨモギ</td></tr>
<tr><td>ヒルガオ</td><td colspan="2">ハルジオン</td><td>ハキダメギク</td><td>チガヤ</td></tr>
<tr><td>ハハコグサ</td><td colspan="2">オヒシバ</td><td>ゴウシュウアリタソウ</td><td>セイタカアワダチソウ</td></tr>
<tr><td>ホトケノザ</td><td colspan="2">アキメヒシバ</td><td>スベリヒユ</td><td>カラスビシャク</td></tr>
<tr><td>ナズナ</td><td colspan="2">エノコログサ</td><td rowspan="2">シナダレスズメガヤ
（ウィーピングラブグラス）</td><td>ヒルガオ</td></tr>
<tr><td>カキネガラシ</td><td colspan="2">イヌムギ</td><td>コヒルガオ</td></tr>
<tr><td>オッタチカタバミ</td><td colspan="2">カモガヤ</td><td>コセンダングサ</td><td>ホシアサガオ</td></tr>
<tr><td>コナスビ</td><td colspan="2">ハマスゲ</td><td rowspan="2"></td><td>マメアサガオ</td></tr>
<tr><td>カキドオシ</td><td colspan="2">ヒゲナガスズメノチャヒキ</td><td>セイヨウヒルガオ</td></tr>
<tr><td>ヒメオドリコソウ</td><td colspan="2">イヌビエ</td><th rowspan="2">100～150倍で枯れる</th><td>マルバアサガオ</td></tr>
<tr><td>タカサブロウ</td><td colspan="2">オオアワガエリ</td><td>マルバルコウ</td></tr>
<tr><td>オオイヌノフグリ</td><td colspan="2">シマスズメノヒエ</td><td>イモカタバミ</td><td>アメリカアサガオ</td></tr>
<tr><td>キュウリグサ</td><td colspan="2">ヒメクグ</td><td>ムラサキカタバミ</td><td>ノアサガオ</td></tr>
<tr><td>トキンソウ</td><td colspan="2">カラスムギ</td><td></td><td></td></tr>
<tr><td>ヨメナ</td><td rowspan="6">ヒユ科</td><td>ホソアオゲイトウ</td><td colspan="2" rowspan="8">その他
クズは25～50倍、ツユクサは移行型25～50倍または接触型50倍、スギナは移行型25倍またはプリグロックスL 50倍またはバスタ100倍で処理する</td></tr>
<tr><td>チチコグサ</td><td>アオゲイトウ</td></tr>
<tr><td>ノボロギク</td><td>ホナガイヌビユ</td></tr>
<tr><td>オオジシバリ</td><td>ハリビユ</td></tr>
<tr><td>イボクサ</td><td>イヌビユ</td></tr>
<tr><td>ノミノフスマ</td><td>ヒナタイノコヅチ</td></tr>
<tr><td>ツメクサ</td><td colspan="2" rowspan="2">ヒユ科はゾーバーが効かない。穂が小さいうちに移行型で処理する</td></tr>
<tr><td></td></tr>
</table>

タイミングよくまけば、殺虫剤・殺菌剤も加えた5種混合もいける。

宮城・佐藤民夫

除草剤や農薬を混用してタイミングよくかければ、畑に行く回数も少なくなり、家族経営の規模拡大も可能です。

写真は6月中旬にタネ播きしたニンジンで、播種後の土壌処理剤（ゴーゴーサン乳剤 3 ）をまいたあと、25日ほど経過した3〜5葉期に除草剤・殺虫剤・殺菌剤を混用して全面散布したときのようすです。

散布前はハキダメギクが全面を覆うくらい生えていて、その下にメヒシバが這っていました。そこで、広葉雑草に効く茎葉処理剤ロロックス 5 とイネ科用のナブ乳剤 1 を混用しました（どちらも選択性）。さらに、殺虫剤のエルサン乳剤 1B （アブラムシ・アオムシ）、殺菌剤のスミレックス水和剤 2 （黒葉病の治療剤）とダコニール M （予防剤）の計5種を混合して全面散布しました。

散布後1週間ほどで雑草が消え始め、2週間できれいになくなっています。その後はニンジンが生育して条間を覆うので除草剤なしでいけます（殺虫・

茎葉処理剤が効いて、雑草が消えつつある

ハキダメギクなどの広葉雑草に覆われそう。散布ギリギリのタイミング殺菌剤は約1カ月おきに散布）。

セット動噴にピストル噴口ノズルを取り付ければ、薬剤を35mほど飛ばせるので、畑の真ん中から1往復で全面散布できます。こうして圃場に入る回数を極力減らし、年間150日の休みをとりつつ、多品目の露地野菜を7ha作付けしています。スイートコーン（4ha）やサツマイモ（1ha）の収穫時は5～10人雇用しますが、それ以外の労働力は妻と私のみです。

（宮城県村田町）

草が消えて、ニンジンの生育が旺盛に

A シバ用の土壌処理剤に茎葉処理剤を混ぜたら、イネ科の外来雑草にも効いた。

鳥取県大山町・美甘（みかも）稔

シバを4ha栽培しています。収穫してシバを剥ぎ取ったあとの土壌処理剤にはよくシバゲン[2]を使用します。比較的値段が高い剤ですが、最低の分量でも3～4カ月長効きするので気に入っています。ただ、数年前にメリケンカルカヤというチガヤに似た外来種が急に生えてきたので、イネ科用の茎葉処理剤アージラン[18]を混ぜて散布したところ、しっかり抑えられました。土壌処理剤をまき遅れてメヒシバが3～5葉期になった場合などにも、この組み合わせで処理できます。スギナ、カタバミにもけっこう効くようです。ただし、薬量はどちらも最低限の分量とし、多少薬害が出るのも覚悟。経験が必要です。（談）

夏播き露地ニンジンは混用でピシャリ

茨城・青木東洋

畑に一度草を生やしてしまうと、数年にわたって悩まされるハメになります。わが家もご多分に漏れずその当事者です。今回は、日頃の雑草との格闘の一端を書かせていただきます。

初期生育の遅いニンジンが問題

わが家の作付けの中心となるブロッコリーは、定植後の生育が早く、植え付け1カ月後の中耕培土で雑草対策はほぼ完了します。除草剤を使うのは一度だけ。中耕時に管理機の爪で叩きにくいイネ科雑草対策として、定植前に土壌処理剤トレファノサイド粒剤を散布します。広葉雑草への効果は弱いですが、散布ミスで多くまいてしまった部分にも薬害が出にくく、使いやすいのが特徴です。

問題はニンジンの除草です。ブロッコリーとは違って、夏播きでも発芽までの日数が長く、初期生育も他の植物より緩慢なので、除草剤1回だけではなかなか防げません。

わが家のニンジンの除草方法は次のとおりです。

筆者。作付けはブロッコリー、リーフ系レタス、ニンジンをそれぞれ1.5～2ha。ほかにエダマメも（赤松富仁撮影）

夏播きの露地栽培

ナブとロロックスの混用で除草剤2回で抑える

夏播きの露地栽培ですが、わが家ではイネ科雑草よりも広葉雑草がやや多いので、播種直後にイネ科と広葉雑草の両方に効く土壌処理剤ゴーゴーサン細粒剤をまいて、雑草の発生を抑えておきます（土が乾燥している場合は乳剤を使う）。

そして、ニンジンの本葉4葉が展開する頃（発芽1カ月後）、イネ科雑草に効く選択性茎葉処理剤ナブ乳

3月中旬のニンジン。播種後にコダール水和剤を土壌処理しただけで、ほとんど草は出ていない。もちろん薬害もない

剤と、広葉雑草に効く茎葉処理兼土壌処理剤ロロックス水和剤を混合して茎葉処理します。

雑草が小さければほとんどが枯れますし、しぶといスベリヒユに対してはロロックスのほうがプリグロックス（非選択性茎葉処理剤）より効果が高く、部分的にかかっただけでも茎がとろけるように枯れます。

猛暑年なら太陽熱処理＋ウネ間処理

ところが、平成22年の夏播きニンジンは、猛暑と干ばつの影響で土壌処理剤があまり効かず、また、発芽も1カ月近く遅れてしまいました。この壊滅的ダメージを教訓に、平成23年は久しく取り組んでこなかった太陽熱処理を実施しました。

土壌処理剤を散布しないので、発芽が遅れそうな場合は処理層を気にせず自由にかん水できます。太陽熱処理の強い除草効果とともに、水分保持機能によって完璧な発芽につながり、最良の結果を得られました。

熱処理したベッド上面には、その後もまったく草が生えませんが、ウネ間は熱処理中もたいへんな草です。中耕培土をスムーズに行なえるように、除草剤でウネ間の草を枯らしていきます（次ページの図）。冷夏が予想されるとき、作付けスケジュールが合わないときを除いては、最高の方法だと感じています。

冬播きトンネル栽培

少量のコダールでピシャリ！

冬播きのトンネル栽培では、トンネル内が高温多湿となるので、軟弱に育った作物に除草剤の薬害が発生しやすくなります。つまり、除草剤の効果が激しくなるので、ニンジンに適用があるにもかかわらず、「トンネル・マルチ栽培では薬害の恐れがあるので不使用」と書かれた薬剤がほとんどです。しかし、量を減らせば薬害は出ず、除草効果も十分です。

わが家では、アブラナ科のナズナ

私の露地ニンジンの除草法

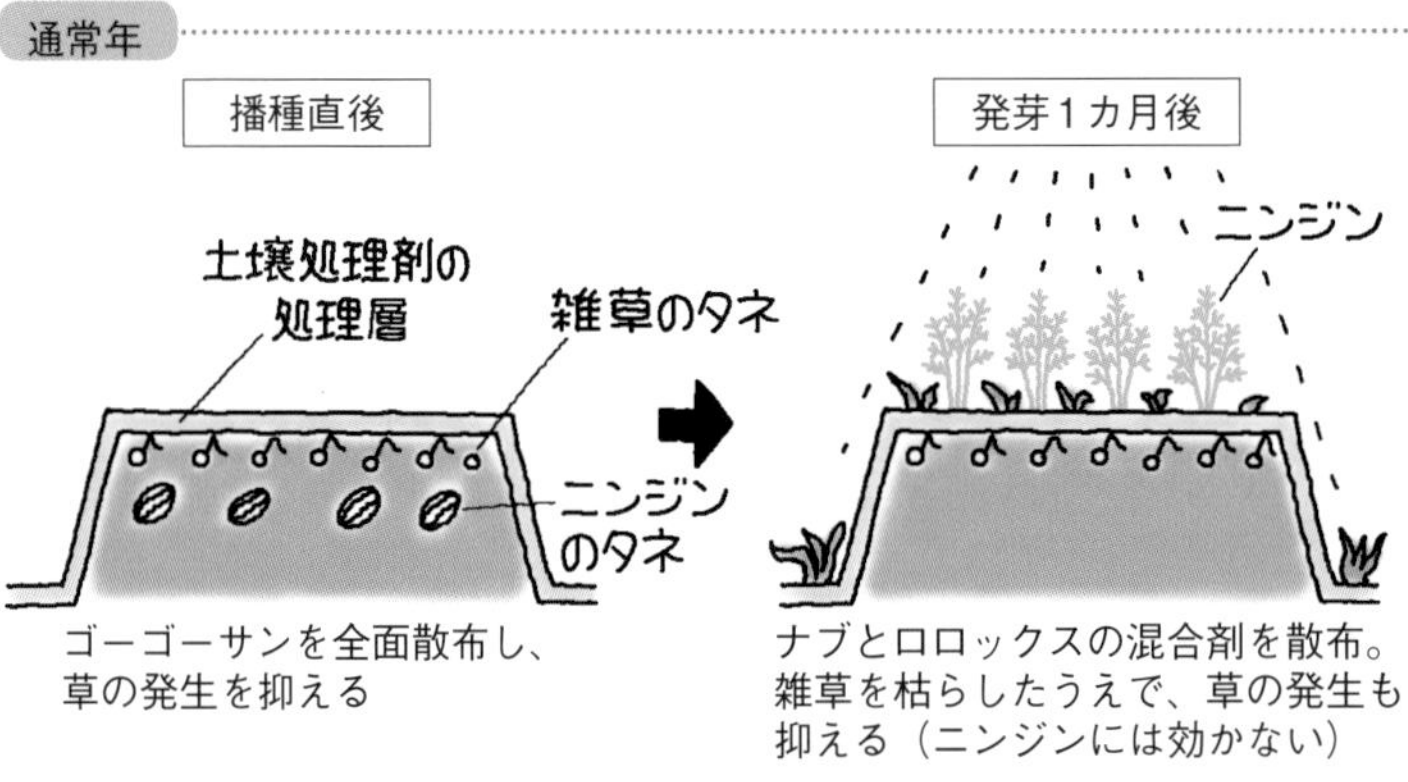

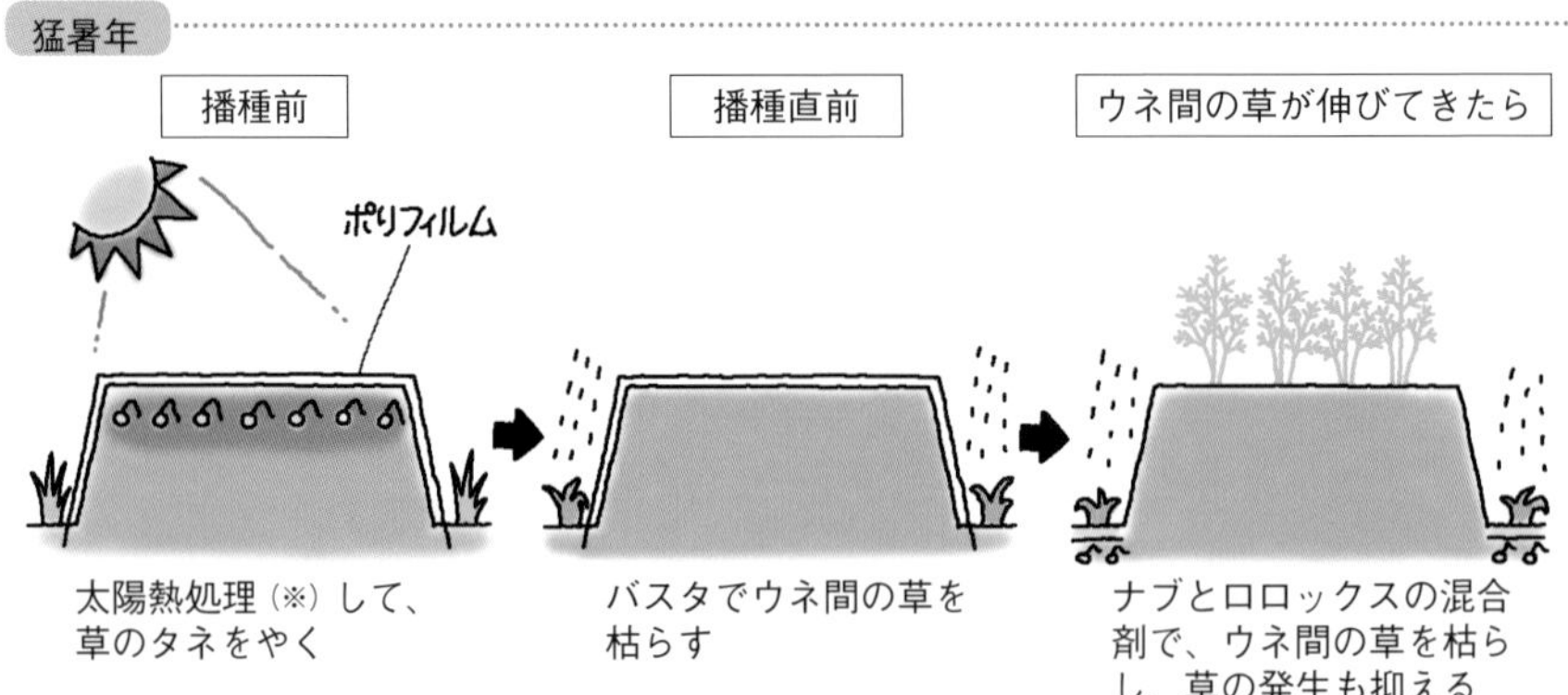

※太陽熱処理は6月下旬から約1カ月間実施。ベッドにロング肥料をまいて、土が適度に湿っているときにポリフィルムで覆う

とキク科のノボロギクが問題になりますので、それらに防除効果の高い土壌処理剤コダール水和剤を使用しています。コダールにもやはり「トンネル使用不可」とありますが、わが家では、使用基準量（200g）の半分、10a100g程度の薬量で散布しています。

　規定濃度で散布すると、薬害を出さないよう、トンネルの裾をこまめに開閉したりと難儀しますが、この方法だと手間もかからず、わずかに生えた草も生育が緩慢で簡単に抜き取れます。また、クスリ代も少しで済みます。

（茨城県八千代町）

ビートには茎葉処理剤と土壌処理剤の混用

北海道美幌町・梅津幸一さん

ビートの除草は混用が基本

「除草剤は混用するのが基本ですよ」と、梅津幸一さん。美幌のビート農家のあいだでは、さまざまな混用方法が広がっているそうだ。

梅津さんの場合は、ビートの定植から収穫までのあいだに除草剤を2回まく。2回とも、畑によく生えるアカザに効く茎葉処理剤ベタナールを使うが、それだけでは枯れない草に効果のある土壌処理剤も一緒に混ぜる。つまり、「いろんな種類の草を枯らすとともに、土壌処理剤でフタをする」のが、梅津さんの混用のねらいだ。

1回目の除草剤散布時期は定植から1カ月後（5月末）。低温が好きなタデ類が発芽してくる頃なので、それに効く土壌処理剤レナパックを混ぜて、ブームスプレーヤで茎葉処理。

2回目（6月中旬）はイヌホオズキがそろそろ発芽してくる時期。まず、散布の1週間前にカルチで土を動かして、ホオズキのタネの発芽を促す。そして芽が出る頃のいちばん弱い時期をねらって、イヌホオズキに効く土壌処理剤ハーブラックをベタナールに混ぜて、一掃する。

ちなみに梅津さんには、「除草剤を混用すると、どちらの剤も効きめがよくなる」という実感がある。だから、それぞれ最低基準量の6〜7割まで落として混用している。それでも十分な除草効果があるそうだ。

混合剤の散布は雨後の朝方がベスト

除草剤の混用とともに、梅津さんが気を使っているのが、除草剤散布のタイミング。具体的には、雨の降った翌日、それも朝方がベストだそう。

土が濡れているほうが土壌処理剤が効きやすいし、雑草の葉に露がついているほうがベタナールの効果も高まると感じているからだ。

除草剤に尿素を混ぜると効きがよくなるの？

スギナやスベリヒユの根や軸に早くしっかり効く。

栃木県鹿沼市・山崎 英

野菜農家の山崎英さんは、除草剤に尿素を混ぜて効きをよくし、経費も浮かしている。そもそものきっかけは、「尿素をまくと、2時間ほどで作物に吸収される」と知ったから。雑草に対しても同様で、除草剤と組み合わせて使えば、一緒に染み込むのでは、と考えたのだ。

18ℓの薬液に、たったひと掴み分

混ぜる尿素の量は、背負いの噴霧器18ℓに片手ひと掴み分くらいで、約10円だ。これでだいたい500倍ほどになる。ただ、枯らす雑草の種類や大きさ、時期で量を増やすこともあり、倍率でいうと200倍から500倍で使い分けている。

尿素は必ず国産のものを使うようにしている。輸入ものは尿素自体が水分を吸着しないようコーティングされていて、水に溶けにくくて混ぜるのが面倒。一方、国産の尿素はすぐに溶ける。ただ、いくらか割高になるので、混ぜる手間が気にならない人は輸入ものでもいいそうだ。山崎さんにスギナとスベリヒユ退治の勘どころを教えていただいた。

スギナは根を絶やす

スギナは地下茎で殖える多年生雑草。上がキレイに枯れたとしても、また下から復活してくる。吸収移行型のグリホサート系 9 （ラウンドアップなど）の除草剤は、「根まで枯れる」って触れこみだけど、効きが1週間ほどかかっておせーし、値段もたけーんだ。そこで、同じグリホサート系でも、特許切れの安いやつを選んで、尿素を混ぜることにした。

散布のタイミングは重要だぞ。スギナがまだ小さ

尿素を持つ山崎英さん(80歳)。娘夫婦と野菜を3.7haつくり、直売。除草剤をまくときは、背負いの噴霧器18ℓに尿素をひと掴み入れる（赤松富仁撮影、以下（A））

根を枯らしたいので、吸収移行型の除草剤を使う。ある程度、大きく育ってから散布。地下部の栄養で生長する初期よりも、光合成が盛んになってからのほうが、上から下に剤がよく運ばれる

いうちは、除草剤がうまくかからないから、すぐに再生しちまう。だから、草丈が20～30㎝になるまで我慢。葉が茂ってからだと、除草剤の付着量や吸収量が多くなるんで、根にも十分行き届くんだ。草は小さいうちに叩くのがセオリーだけど、スギナは違う。「大きくなったらかける」を何回か繰り返すと、ものすごく減る。

山崎さんの尿素の混ぜ方

背負式の噴霧器（容量18ℓ）に農薬を入れる（A）

写真は娘婿の始（はじめ）さんがウドンコ病の薬「ジーファイン」に尿素を混ぜているところ。山崎さんは同様に除草剤でも尿素を混ぜる。尿素は国産のもの。20kgで1580円。安い！（A）

尿素を片手ひと掴み分入れる（A）

混ぜる。尿素が溶けると吸熱反応で水が少し冷たくなる。溶液は中性（A）

スベリヒユは軸をやっつける

スベリヒユにも手こずったなあ。葉が落ちても、中心の軸が残るんで、また繁茂しちゃう。除草剤をよほど濃くして、ものすごい量をかけないと、枯れねーんだよ。でも、それだとクスリ代が高くついて、大変だろ。

軸を枯らしたいので、接触型の除草剤を使う。草の生育に関係なく、見つけたら散布

これも尿素を混ぜることで解決できた。バタッと枯れたぞ。スベリヒユはスギナと違って、根がうんと張るわけじゃないから、除草剤は接触型で速効性がある「プリグロックスL 22」を使う。

昔、うちの畑に農家が視察に来たんだけど、作物を見るより先に、スベリヒユが枯れていることにぶったまげてたな。編

尿素を一緒に混ぜると除草剤のしみこみがよくなるんデスネ！

まぜまぜくん

なかなか枯れない雑草に試すのもよさそうデスネ

ローテーション散布と「HRAC（エイチラック）」の話

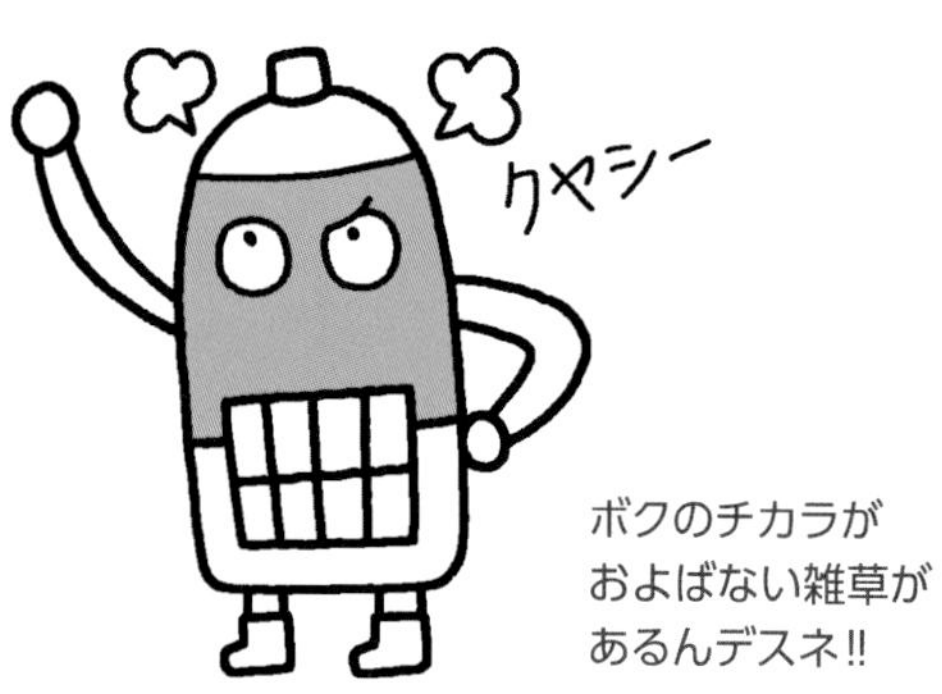

Q 除草剤が効かない雑草がある。最近、増えてる気がするんだけど……。

A だから除草剤も、やっぱりローテーションが大事。

増える除草剤抵抗性雑草

雑草の逆襲なのか、除草剤に抵抗性を持つスーパー雑草が増えている。植調協会の山木義賢さんによると、最初に見つかったのは約半世紀前。アメリカの苗木園で、果樹園などで使われる土壌処理剤シマジン5などの成分が効かないノボロギクが発見され、通常の10倍濃く散布しても枯れなかったそうだ。

国内では1981年、プリグロックスLに含まれる成分パラコート22に抵抗性を持つハルジオンが見つかったのが最初。その後、他のキク科雑草にも同成分への抵抗性が確認されたものの、ラウンドアップ9やバスタ10などが登場して問題は収まったという。

96年には北海道の水田でスルホニルウレア系除草剤（SU剤2）が効かないミズアオイが発見され

国内で除草剤抵抗性が報告されている雑草（内野彰氏、2019）

パラコート抵抗性	ハルジオン（1981）、ヒメムカシヨモギ（1983）、アレチノギク、オオアレチノギク、オニタビラコ（以上1989）、チチコグサモドキ（1992）、トキワハゼ（2010）
シマジン（トリアジン系除草剤）抵抗性	スズメノカタビラ（1985）
スルホニルウレア系（ALS阻害剤）抵抗性	ミズアオイ（1996）、アゼトウガラシ、アゼナ、アメリカアゼナ、タケトアゼナ（以上1997）、イヌホタルイ、キクモ、キカシグサ、ミゾハコベ（以上1998）、コナギ（2000）、タイワンヤマイ（2001）、オモダカ（2002）、スズメノテッポウ（2005）、ホソバヒメミソハギ（2006）、ウリカワ、ヘラオモダカ、ミズマツバ、アブノメ（以上2008）、ウキアゼナ、マツバイ（以上2009）、ヒメクグ（2011）、ヒメタイヌビエ（2015）、スズメノカタビラ（2018）
トリフルラリン（ジニトロアニリン系除草剤）抵抗性	スズメノテッポウ（2005）、カズノコグサ（2011）
シハロホップブチル（ACCase阻害剤）抵抗性	ヒメタイヌビエ（2011）、イヌビエ（2012）
グリホサート抵抗性	ネズミムギ（2013）、オヒシバ、ヒメムカシヨモギ（以上2015）、オオアレチノギク（2017）
グリホシネート抵抗性	ネズミムギ（2016）

※（　）内は最初に報告のあった年

た。SU剤は非常に少ない量で多くの雑草に高い効果のある優秀な除草剤で、87年に国内で販売開始して以降、農家に幅広く使われてきた。特に水田では一発処理剤の主成分として、繰り返し繰り返し使われ、その結果、現在では20種以上の雑草に抵抗性が見つかっている（上表）。

抵抗性がつくとどうなるのか。ミズアオイでいえば、例えばSU系の成分のひとつベンスルフロンメチルに対し、これまでの100倍以上もの抵抗性を持ち、しかもその性質が優性遺伝子として、交配時に広がるという事実もわかっている。東北農業試験場の調査によれば、抵抗性型個体の花粉をミツバチなどが運んで受粉されると、そのタネから発芽した個体に10～65％の割合で抵抗性が確認されたという。

2000年代以降は、ムギ畑でスズメノテッポウ、シバ畑でヒメクグなどにSU系除草剤に対する抵抗性が見つかり問題になっている。

ラウンドアップやバスタにも

そして2013年には、ラウンドアップマックスロードなどの成分グリホサート 9 に抵抗性を持つネズミムギが静岡県で確認され、一部の地域で水田畦畔や小麦畑、果樹園で問題化。その後、オヒシバやオオアレチノギクでもグリホサート抵抗性が報告され、ネズミムギではさらに、16年にグリホシネート（バスタ）に対する抵抗性も確認された。

これらはあくまで試験により確認されたものだけで、実際にはさらに多くの抵抗性雑草が存在しているとも考えられる。除草剤が効かない雑草は、今も増えつつあるといって間違いないだろう。編

麦畑を埋め尽くした除草剤抵抗性スズメノテッポウ（植調協会提供）

Q 最近、水田の除草剤は混合剤ばっかり。高くて困る。

A 抵抗性を防ぐため、メーカーは新成分を開発しても単剤で売らなくなってきた。

一発剤は3種混合が当たり前

水田で一般的な一発処理型除草剤の場合、現在はほとんどが数種類の成分を混ぜた「混合剤」だ。植調協会の調べによると、主要な一発処理剤94剤のうち、2種混合が21剤（22％）、3種混合が51剤（54％）、4種混合が21剤（22％）、5種混合が1剤だったという（2016年）。「単剤」（成分がひとつだけの剤）はゼロ。SU系の成分に抵抗性を獲得した雑草も、別の成分で叩く仕組みというわけだ。

近年は水稲用除草剤の新規成分が開発されても、メーカーは最初から混合剤として売り出し、単剤では売らない。抵抗性を出さないためでもあるが、水

稲用除草剤が高くなる一因ともなっている。

畑地や果樹園はローテーションで防ぐ

一方、畑地除草剤は、現在も多くは単剤である。そこで、殺虫剤などと同じく、もっとも大事なのはローテーション散布。同じ薬剤はもちろん、同じ成分の連用も避ける。例えば「ラウンドアップマックスロード」と「タッチダウンiQ」は違う薬剤だが、成分は同じ「グリホサートカリウム塩液剤[9]」。これらを交互に散布しても、抵抗性の回避策にはならない。

さらに、成分が違っても同じ「系統」であれば、やっぱり抵抗性が出る可能性がある。例えばイネ科雑草に効果のある「ナブ乳剤（成分名セトキシジム）」と「セレクト乳剤（クレトジム）」と「ワンサイドP乳剤（フルアジホップP）」は、成分がそれぞれ違うが、じつはどれも同じ系統[1]だ。

ナブもセレクトもワンサイドも「アセチルCoAカルボキシラーゼ阻害」というグループで、いずれも細胞膜やクチクラなどの成分である脂肪酸の生合成を阻害して、イネ科雑草（スズメノカタビラを除く）の分裂組織の壊死、萎凋を引き起こして徐々に枯死させる。つまり、商品名も成分名も違うが、除草効果の仕組み（作用機構、作用機作）は同じなのだ。

抵抗性雑草の出現、蔓延を防ぐには、この「作用機構」が違う系統の除草剤によるローテーションが欠かせない。混合剤が多いとはいえ、それは水田でも同じだ。しっかり取り組めば、抵抗性雑草が顕在化するまでの期間が約2倍に延びるという農研機構の試算もある。編

どちらも「グリホサートカリウム塩液剤」[9]

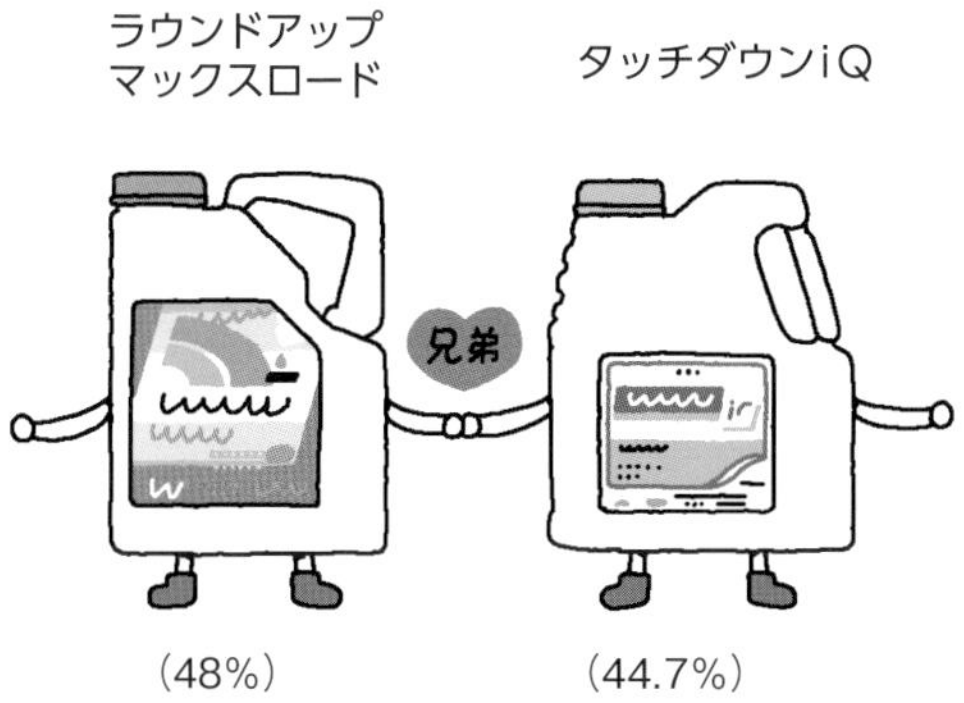

有効成分は同じで含有率が違うだけ。
交互に使っても「ローテーション」にはならない

除草剤の「系統」や「作用機構」は、ラベルのどこに書いてあるの？

A 残念ながら書いてません。でも除草剤にも「RAC（ラック）コード」があって、一部のメーカーは記載を始めました。

除草剤の系統や作用機構はとても大事な情報なのに、なぜか農薬ラベルには書いてない。自分で調べようにも、ちょっとわかりにくかったりもする。そこで頼りになるのが「RACコード」だ。

殺虫剤や殺菌剤ではだいぶ一般的になってきたRACコード。農薬を有効成分の作用機構（作用機作）ごとに分類した世界共通のコード（記号）で、殺虫剤ではIRAC（アイラック）コード、殺菌剤ではFRAC（エフラック）コードがある。同じRACコードの連用を避け、異なるコードの農薬を順番に使えば、耐性菌や抵抗性害虫の発生を抑えられる。数字とアルファベットの組み合わせなので、とてもシンプルでわかりやすいと農家に好評で、近年、ほとんどの農薬メーカーがラベルに記載を始めたところだ。

じつは除草剤にもRACコードがあって「HRAC（エイチラック）」という。HはHerbicide（除草剤）の略である。除草剤のラベルに記載し始めたメーカーも一部あるので、ぜひ活用したい。 編

A HRACコードを一覧にしました。「ルーラル電子図書館」でも簡単に検索できます。

とはいっても、殺虫剤や殺菌剤に比べれば遅れている。多くの除草剤には「HRACコード」が書い

ルーラル電子図書館の画面

ルーラル電子図書館（https://lib.ruralnet.or.jp/）でダイズの除草剤を検索した画面。ダイズに使えるすべての除草剤が一覧で表示され、「HRACコード」も一目瞭然。

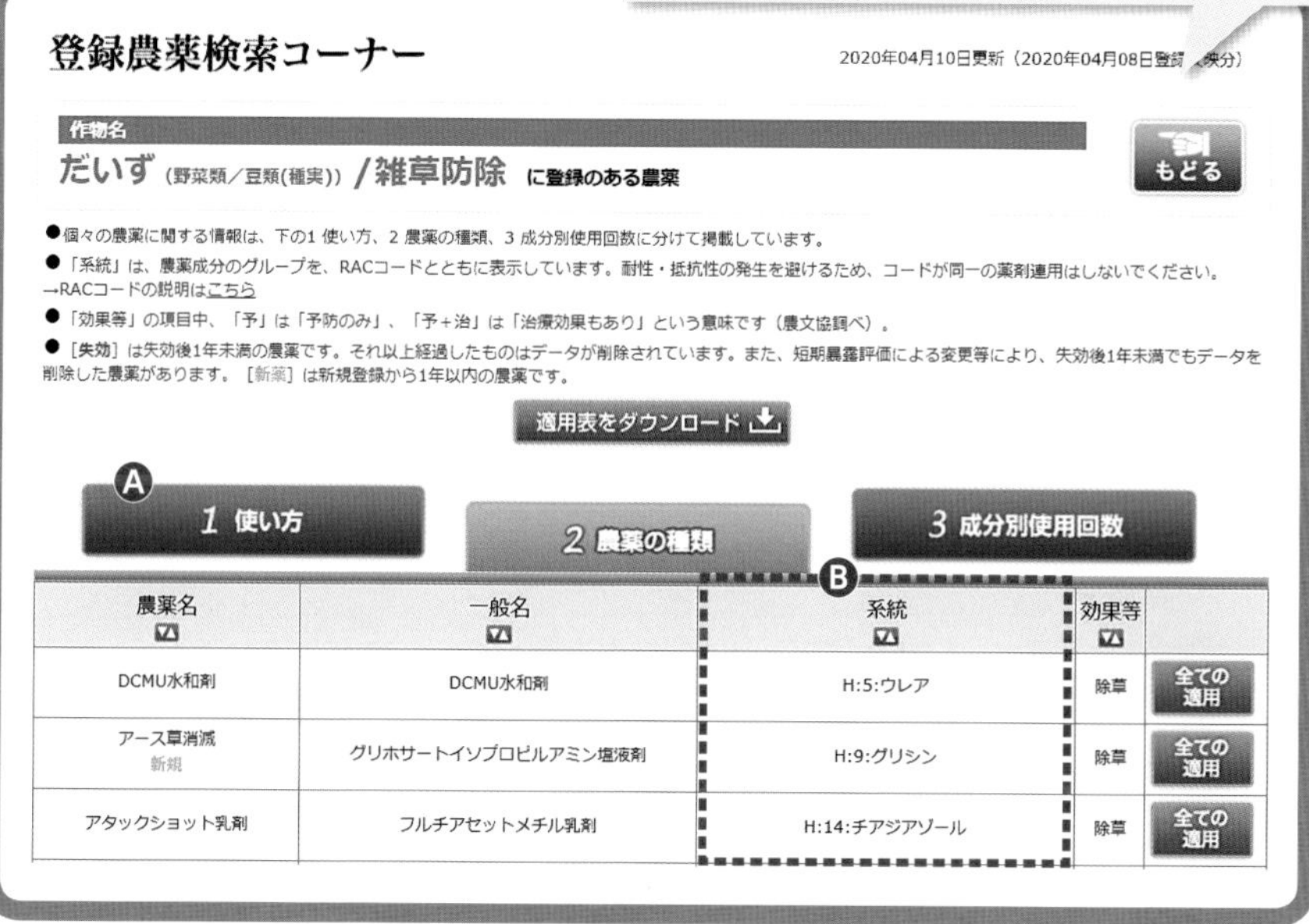

農薬名	一般名	系統	効果等	
DCMU水和剤	DCMU水和剤	H:5:ウレア	除草	全ての適用
アース草消滅 新規	グリホサートイソプロピルアミン塩液剤	H:9:グリシン	除草	全ての適用
アタックショット乳剤	フルチアセットメチル乳剤	H:14:チアジアゾール	除草	全ての適用

Ⓐ ここを押せば使用基準（希釈倍数、使用回数など）も一覧で確認できる

Ⓑ RACコード（系統）はここで確認。殺虫剤の場合はIRAC、殺菌剤の場合はFRACが表示される。RACコードごとに並び替えることもできるので、ローテーション防除に欠かせないという農家も多い

てない。そこで今回、市販の主要な除草剤をRACコードごとに一覧にしてみた（次ページ）。

ただし、無数にある除草剤をすべて掲載することはできないので、ほぼ単剤に絞っている。農文協のインターネットサービス「ルーラル電子図書館」や、農薬工業会のホームページ上にある「商品名別RACコード検索表」では、すべての農薬のRACコードが簡単に調べられるようになっているので、一覧に載っていない除草剤については、こちらも活用してほしい。ローテーションしているつもりが、じつは「同じ農薬」を連用していた。そんな事実が明らかになるかもしれない。編

農文協が運営するデータベース「ルーラル電子図書館」（年会費税込2万6400円）では、農薬情報だけでなく、『現代農業』や『季刊地域』、『農業技術大系』などの記事が過去に遡って読める。

除草剤のRACコードによる分類一覧

（HRACのコード分類より編集部まとめ）

主な除草剤をRACコード（作用機構）ごとに分類してみました。表の左端が除草剤のRACコード。お手持ちの農薬ボトルや袋にHRACコードを書き込んでおくと、抵抗性雑草を防ぐためのローテーション散布に便利です。この一覧は農文協のホームページ（http://www.ruralnet.or.jp）で無料公開中。

※基本的に単剤のみ。混合剤やその成分としてのみ流通しているRACコードは省略。
　除草剤の 9 マークは雑草をイメージして作ってみました。
　色がついているものは、比較的記事によく出てくる除草剤。数字や色が近いからといって、系統が近いわけではない。

HRAC	作用機構	化学グループ	主な商品名
1	アセチルCoAカルボキシラーゼ（ACCase）阻害	アリルオキシプロピオン酸エステル（FOPs）	クリンチャー、ポルト、ワンサイドP
		シクロヘキサンジオン（DIMs）	セレクト、ナブ、ホーネスト
2	アセトラクテート合成酵素；ALS阻害	イミダゾリノン	パワーガイザー
		スルホニルウレア（SU）	シャドー、ゼータワン、ハーモニー、ハーレイ、モニュメント、ワンホープ
		トリアゾロピリミジン	ワイドアタック
		ピリミジニル安息香酸	グラスショート、ショートキープ
3	微小管重合阻害	ベンズアミド（微小管重合阻害）	アグロマックス
		ジニトロアニリン	ゴーゴーサン、コンボラル、トレファノサイド、バナフィン
		ホスホロアミデート	クレマート、ヒエトップ
4	合成オーキシン（インドール酢酸様活性）	安息香酸（合成オーキシン）	バンベルーD
		フェノキシカルボン酸	2,4-Dアミン塩、MCPP、MCPソーダ塩、粒状水中2,4-D、粒状水中MCP
		ピリジンカルボン酸	ザイトロンアミン

第2章 除草剤ラベルには書いてない大事な話

<table>
<tr><th>HRAC</th><th>作用機構</th><th>化学グループ</th><th>主な商品名</th></tr>
<tr><td rowspan="5">5</td><td rowspan="5">光合成（光化学系Ⅱ）阻害</td><td>フェニルカーバメート</td><td>ベタナール</td></tr>
<tr><td>トリアジン</td><td>ゲザプリム、グラメックス、ゲザガード、シマジン</td></tr>
<tr><td>トリアジノン</td><td>センコル</td></tr>
<tr><td>ウラシル</td><td>シンバー、ハイバーX、レンザー</td></tr>
<tr><td>ウレア（光合成阻害）</td><td>DCMU、カーメックスD、ダイロン、ハービック、バックアップ、ロロックス</td></tr>
<tr><td rowspan="2">6</td><td rowspan="2">光合成（光化学系Ⅱ）阻害</td><td>ベンゾチアジアジノン</td><td>バサグラン</td></tr>
<tr><td>ニトリル（光合成阻害）</td><td>アクチノール</td></tr>
<tr><td>9</td><td>EPSP合成酵素阻害</td><td>グリシン（グリホサート）</td><td>サンフーロン、タッチダウンiQ、ハットトリック、マルガリーダ、ラウンドアップ、ラウンドアップマックスロード</td></tr>
<tr><td>10</td><td>グルタミン合成酵素阻害</td><td>ホスフィン酸</td><td>ザクサ、バスタ</td></tr>
<tr><td rowspan="5">14</td><td rowspan="5">クロロフィル生合成酵素；PPO阻害</td><td>N-フェニルフタルイミド</td><td>フルミオ</td></tr>
<tr><td>オキサジアゾール</td><td>フェナックス</td></tr>
<tr><td>フェニルピラゾール</td><td>エコパート</td></tr>
<tr><td>チアジアゾール</td><td>アタックショット、ベルベカット</td></tr>
<tr><td>ピラクロニル</td><td>ピラクロン</td></tr>
<tr><td rowspan="4">15</td><td rowspan="4">細胞分裂阻害（超長鎖脂肪酸伸長酵素；VLCFA阻害）</td><td>クロロアセトアミド（V1）</td><td>ラッソー</td></tr>
<tr><td>クロロアセトアミド（V2）</td><td>デュアール、デュアールゴールド、フィールドスター</td></tr>
<tr><td>クロロアセトアミド（V3）</td><td>エリジャン、ソルネット</td></tr>
<tr><td>チオカーバメート</td><td>ボクサー</td></tr>
<tr><td>18</td><td>DHP（ジヒドロプテロイン酸）合成酵素阻害</td><td>カーバメート（DHP阻害）</td><td>アージラン</td></tr>
<tr><td>22</td><td>光化学系Ｉ電子変換</td><td>ビピリジリウム</td><td>プリグロックスL、レグロックス</td></tr>
<tr><td>23</td><td>有糸分裂／微小管形成阻害</td><td>カーバメート（有糸分裂阻害）</td><td>クロロIPC</td></tr>
<tr><td rowspan="2">27</td><td rowspan="2">白化：4-ヒドロキシフェニルピルビン酸ジオキシゲナーゼ（4-HPPD）阻害</td><td>その他（4-HPPD）</td><td>ジータ</td></tr>
<tr><td>ピラゾール</td><td>アルファード、サンバード、ブルーシア</td></tr>
<tr><td>29</td><td>細胞壁（セルロース）合成阻害</td><td>ニトリル（細胞壁合成阻害）</td><td>カソロン</td></tr>
<tr><td>33</td><td>白化：カロチノイド生合成（標的部位不明）阻害</td><td>ピリダジン</td><td>サンアップC</td></tr>
<tr><td>0</td><td>不明</td><td>その他（不明）</td><td>ガスタード、キレダー、クロレートS、シアノット、バスアミド、フレノック、モゲトン</td></tr>
</table>

ローテーション散布の具体例を教えて。

タマネギの減収を招く雑草は、極力系統の異なる除草剤でしっかり叩く。

兵庫県姫路市・大西忠男

県の農業試験場で働いている頃、ゴルフ場の雑草を調べていて、除草剤のシマジン[5]に抵抗性をもつスズメノカタビラを見つけました。タマネギ畑のスズメノカタビラには抵抗性がついていなかったんですが、やはり作用機作の異なる剤のローテーションは欠かせません。図は小生が使う除草剤の例です。

タマネギは草との競合に極めて弱い野菜で、秋播き栽培で特に問題なのは秋に生える雑草です。スズメノカタビラやスズメノテッポウなどは春にも発芽しますが、秋に発芽したものこそが、春になって急激に大きくなりタマネギの生育を阻害します。

雑草との勝負はタマネギの定植前から始まります。まず、雑草が多い圃場では逆転ロータリですき込むか、非選択性茎葉処理剤のバスタ液剤[10]を散布。そして定植後、雑草が発生する前に1回目の土壌処理剤を散布。早春の雑草発生前に2回目を散布します。この2回の土壌処理剤散布は秋播きのタマネギ栽培に欠かせません（18ページ）。私は1回目にモーティブ乳剤（[3]と[15]）、2回目にグラメックス水和剤[5]を使っています（中晩生品種の場合）。収穫時期が早い、または除草剤散布のタイミングが遅い場合は、収穫75日前まで使えるトレファノサイド乳剤[3]を使用）。

2回目までに雑草が生えた場合は、手取り用の除草剤（テデトール）や、草種によって選択性の茎葉処理剤を使います。イネ科であればセレクトやホーネスト（どちらも[1]）、広葉雑草であればバサグランやアクチノール（どちらも[6]）です。

（談）

雑草の種類と発生時期が秋播きタマネギの生育に与える影響。春に発芽した雑草よりも、秋に出た雑草がタマネギの生育を阻害することがよくわかる（大西忠男提供）

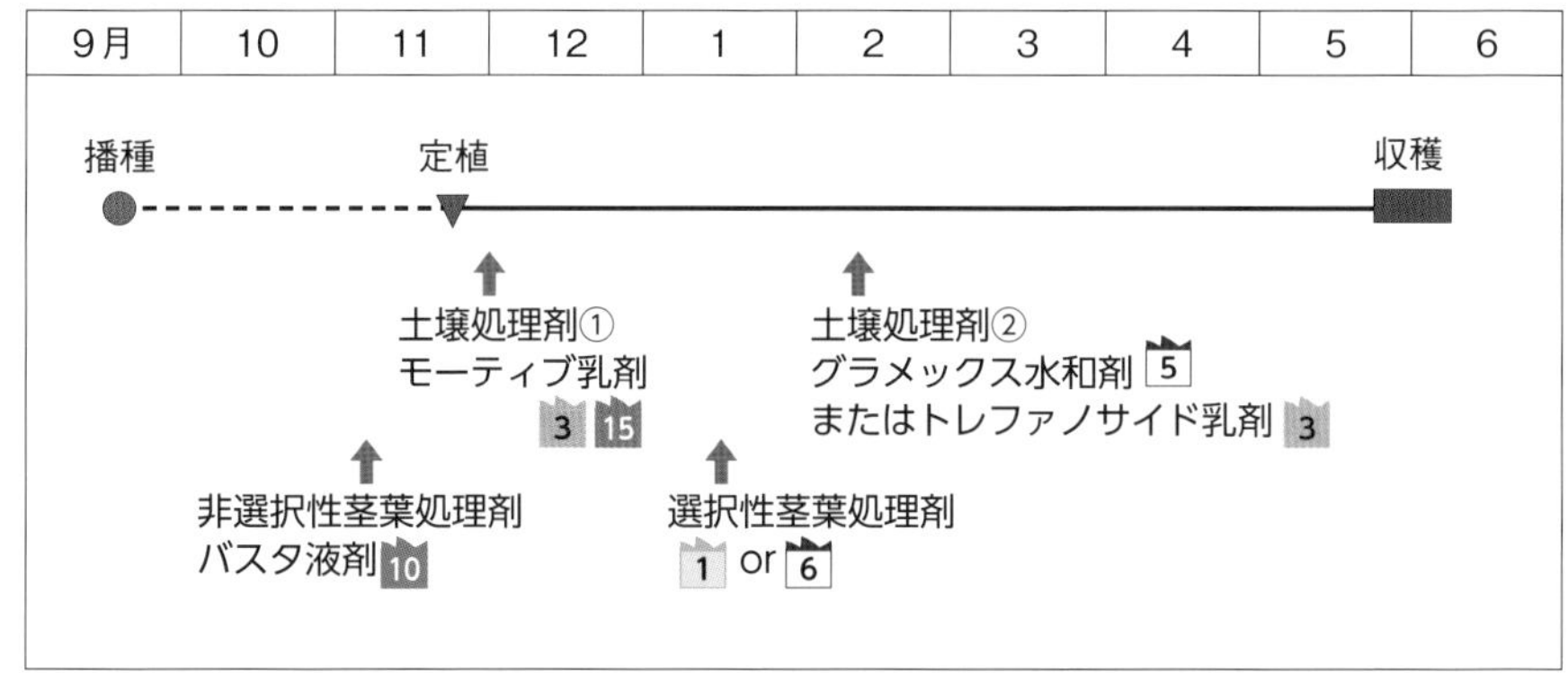

グラメックス水和剤の使用時期は収穫90日前となったため、中晩生品種で使う。トレファノサイド乳剤は収穫75日前まで使えるが、モーティブ乳剤と成分の一部の系統が同じ

薬害と安全性の話

ラベルをよく
見なきゃって
ことデスネ

Q あー 葉が焼けてる！ 病気かな？

A それは除草剤の薬害です。

ＪＡ糸島アグリ・古藤俊二

「これ何病かねぇ？」。毎シーズンそういって持ち込まれる作物のうち、いくつかは薬害によるもの。そのほとんどは除草剤による被害です。最近あったものだけでも、アグロマックス水和剤 3 の希釈濃度が高くてシュンギクが萎縮したり、ラッソー乳剤 15 を播種直後に散布してホウレンソウの発芽率が著しく低下したり、ロロックス（水和剤） 5 をニンジンの発芽後、まだ幼いうちにまいて葉が焼けて萎縮してしまったり。けっこうあります。

これらは土壌処理剤で、濃度やタイミングを誤ったケースです。ロロックスはニンジンの「播種直後」と「3～5葉期（収穫30日前）」に登録があって、発芽から2葉期の間は薬害のリスクがあるため、登録がないんです（粒剤は播種直後のみの登録）。

それから茎葉処理剤では、イチゴを定植後にハウスの周りでラウンドアップマックスロード 9 を散布して、サイド側の苗の葉が変色してしまったり、プリグロックスＬ 22 が風でドリフトして、近くの野菜の葉が白化してしまったのもありました。

ラウンドアップは「少量散布」や「超少量散布」（66ページ）が可能です。散布時間が大幅に減らせて非常にラクなんですが、高濃度ですから、その分ドリフトには本当に注意が必要です。吸収移行型（26ページ）なので、散布後しばらくしてから薬害が出ることもあります。すると、病気かな？と思ったり

イチゴの薬害。グリホサート系除草剤は吸収移行し、生長点が脱色するのが特徴（㈱大雅提供）

するわけです。接触型の除草剤はその日のうちに薬害が出るのでわかりやすいんですけどね。

除草剤の薬害を防ぐには、ラベルをよく見て、倍率、タイミング、そしてドリフトに気を付けてください。ドリフト防止には、専用ノズルやカバーも便利ですよ（67ページ）。（談）

タイミングに注意

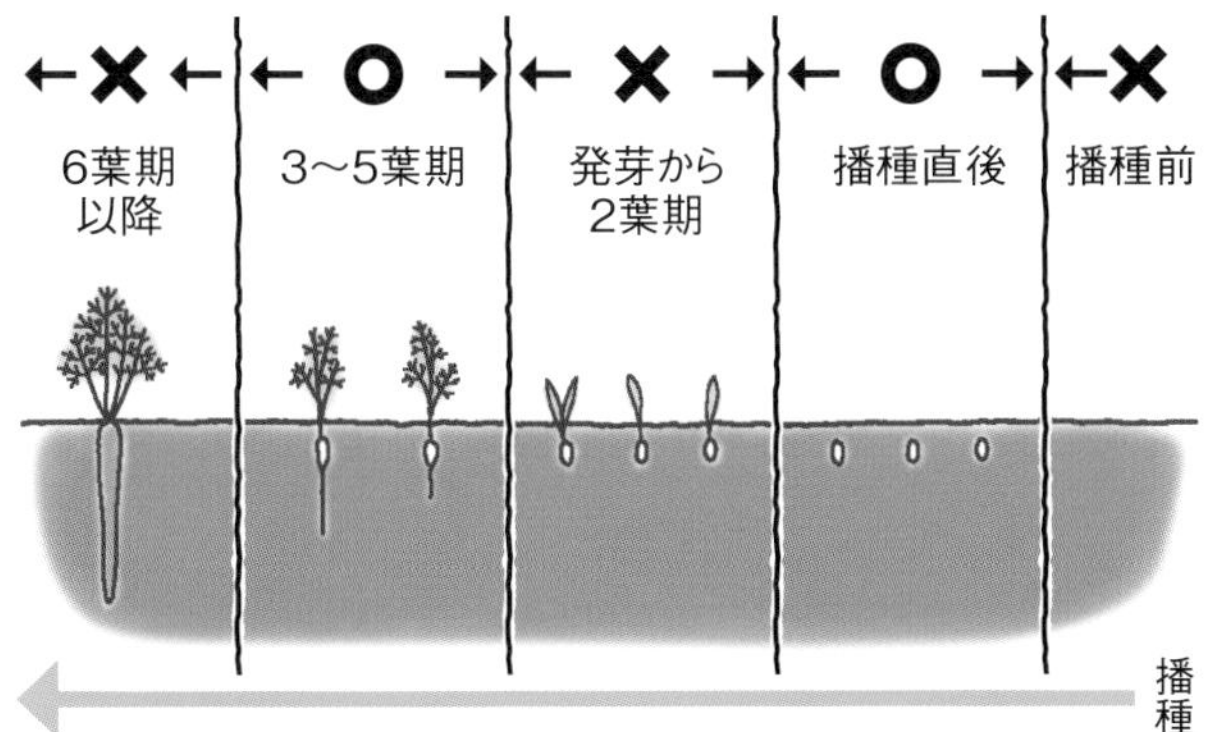

ロロックス（水和剤）の登録はニンジンでは「播種直後」と「3～5葉期」。タイミングを外すと薬害が出やすい

ホルモン型（合成オーキシン系）4には特に注意。

薬害が怖いのは、やっぱり隣の畑（他人の畑）に出た時です。だいぶ前の話ですが、シバに2,4-D4をまいていたら、風に乗ってすぐ近くのクワ畑に流れてしまいました。危ないと思って慌てて途中で止めたんですが、3〜4日後に電話が鳴って……、こっぴどく叱られました。見に行くと葉が縮れ上がってた。申し訳なかったですね。逆に隣の人の除草剤で、うちのダイコンがやられたこともある。農家は互いに気を付けなきゃいけないということ。

この2,4-Dをはじめとする「ホルモン型」（合成オーキシン剤4）は特に注意が必要です。植物ホルモンのバランスを攪乱するタイプの除草剤で、イネ科には効きにくく広葉雑草に効果のある選択性です。これは薬液の霧が見えなくても、ニオイがしたという程度の飛散で薬害が出ることもあります。スイカとかつる性の植物は特に弱くて、その近くでは絶対に使えません。また、吸収移行型9の茎葉処理剤にも要注意。ちょっとかかっただけで生長点がやられちゃうこともあります。

除草剤散布に専用ノズルを使用するのは、農家の常識。でもドリフトは、それだけでは100％防げません。強風の日は避けて、なるべく朝早く、または夕暮れ時に風がおさまってから、なおかつ風向きに注意して散布しています。（談）

鳥取県大山町・美甘 稔

美甘稔さん。シバや野菜を栽培（81ページ）

薬害が出るかどうか、使う前に確かめる方法はないの？

苗を数本、除草剤に浸けてから定植すればわかる。「浸漬法」といいます。

兵庫県姫路市・大西忠男

4月上旬にバサグラン液剤6を全面茎葉処理したところ、葉が湾曲したタマネギ。3月下旬〜4月上旬の散布は薬害（葉折れ）が出やすい（写真は大西忠男提供、以下○も）

散布濃度に希釈して浸ける

小生は県の農業試験場でタマネギの栽培試験を担当していました。１９８１年3月に、除草剤による薬害と思われる、生育が止まったタマネギが持ち込まれました。なんとかして、簡単に薬害を発生させ、その影響を事前に確かめる方法がないかと考えました。

そこで思いついたのが、除草剤を散布濃度に薄めた液に苗を浸けてから定植する方法（浸漬法）です。いろいろな除草剤で試したところ、持ち込まれた薬害が再現できました。この方法で収量への影響が出ない剤は、安心して使用できると考えています。

小生自身も、新しい除草剤を使用するときはこの浸漬法で薬害を確認しています（当然、試験株は出荷しない）。例えば5年前にはモーティブ乳剤3 15

影響あり　わずかに影響あり　影響なし

失効除草剤
現在も登録がある除草剤
シマジン水和剤
ロンスター水和剤
バサグラン水和剤
無処理

さまざまな除草剤の薬害を「浸漬法」で調べてみた。生育が停止、枯死寸前となるものもあった（ロンスター水和剤とシマジン水和剤は現在、登録が失効）（O）

を試験して、球の肥大に問題がなかったため、栽培に取り入れました。

剪葉した苗の薬害に注意

機械定植が多くなってからは、左写真のような症状の相談が増えました。タマネギを機械で植える時は、その精度を上げるため、移植前に苗の葉を切り落とします。この薬害は、移植後に散布した除草剤が、剪葉した切り口から入ってしまうからではないかと想像されますが、ちゃんと確認したことはありません。栽培方法が変われば薬害の出方も変わってくるということだと思います。

それにしても、本来は農家がこうした実験をするのではなく、公的機関などが試験して、安全を確認したものをすすめるのが大切だと思います。（談）

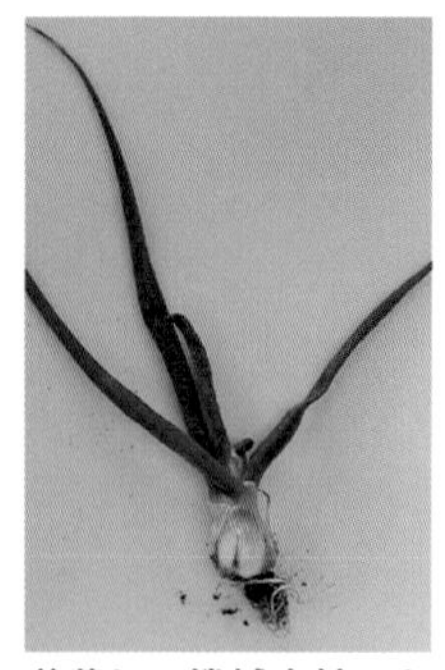

剪葉して機械定植した苗に出た薬害。同じ除草剤を使っても、手植え（剪葉なし）では発生しない（O）

Q 堆肥に除草剤の成分が残っていて、トマトに被害が出るって聞いたけど……。

A 輸入した牧草に残る「クロピラリド」が原因。湛水処理が有効みたい。

トマトの葉が縮れ、黄化葉巻病かと思ったら、じつは畑にまいた牛糞堆肥が原因だった。そんな被害が各地にあるようだ。なんでも、エサの牧草に含まれる除草剤の成分が原因らしい。「クロピラリド」[4]という成分で、日本では登録がなく使われていない。ヒトや牛への影響は少ないようだが、分解されにくく、土壌中で半減するのに250日かかることもあるとか。牛が消化して、その糞を堆肥化しても

クロピラリドに対する耐性

極弱	トマト、ダイズ、サヤエンドウ、ソラマメ、キク、ヒマワリ、アスター、スイートピー
弱	ニンジン、トレビス、シュンギク、フキ、サヤインゲン、ナス、ピーマン、シシトウ
中	レタス類、セルリー、パセリ、キュウリ、メロン、ニガウリ、スイカ、ジャガイモ、ラッカセイ、アズキ、ササゲ、ソバ、オクラ、ゴボウ、モロヘイヤ、ミツバ、タバコ、マリーゴールド
強	イネ科（極強）、アブラナ科、ユリ科、アカザ科（ヒユ科）、シソ科、ナデシコ科、ヒルガオ科、バラ科

＊品種間差がある（農水省の資料より抜粋）

なお作物に影響するというのだから、かなり強力だ。

そして、ごくわずかな量（数ppb、10億分の1％程度）で作物の生育異常を引き起こす。ただし、選択性があるようで、今のところ特に弱いとされるのが左上の表の品目。イネ科やアブラナ科、ユリ科や果樹類などには、通常量であれば影響しないそうだ。

一方、クロピラリドは水溶性の成分で、雨水にあたれば流れてしまう。そこで熊本県玉名市のトマト農家、吉田純さんは、堆肥散布後に水を張って湛水処理している。冒頭のような被害に遭って一度はやめた堆肥を、再び使えるようになったそうだ。

なお、使いたい堆肥にクロピラリドが含まれるかどうかは、100円ショップのサヤエンドウ（兵庫絹莢）のタネを使って、自分で調べることもできる。農水省がマニュアルを公開しているので、ぜひ見てほしい。編

Q 一部の除草剤はヒトにも効いちゃうって本当？発ガン性があるって聞いたけど……。

A グリホサート系除草剤 9 の発ガン性を巡って、海外では裁判が起きています。

ホームセンターに並ぶグリホサート剤 9 。ラウンドアップ以外にも、じつはたくさんある

遺伝子組み換え作物の生みの親

グリホサート系除草剤 9 の「ラウンドアップ」は、1970年代にアメリカのモンサント社で開発された。植物にだけ効いて人間や生態系への影響は小さいとされ、世界中で広く使われてきた。

本来は非選択性除草剤だが、96年にラウンドアップに耐性をもつ遺伝子組み換え作物（ラウンドアップ・レディ）が生み出され、そのダイズやトウモロコシ、ナタネやワタなどでは、生育中の圃場に頭上散布して雑草だけを叩くことができる。

ラウンドアップはこの遺伝子組み換え技術（GM）とセットで語られることも多く、そのほとんどは好意的な評価ではない。一方、アメリカ農業界では、おかげで不耕起栽培でも従来と同等の収量がとれるようになり、長年の課題だった深刻な土壌流亡を食

グリホサート系除草剤の国内出荷量

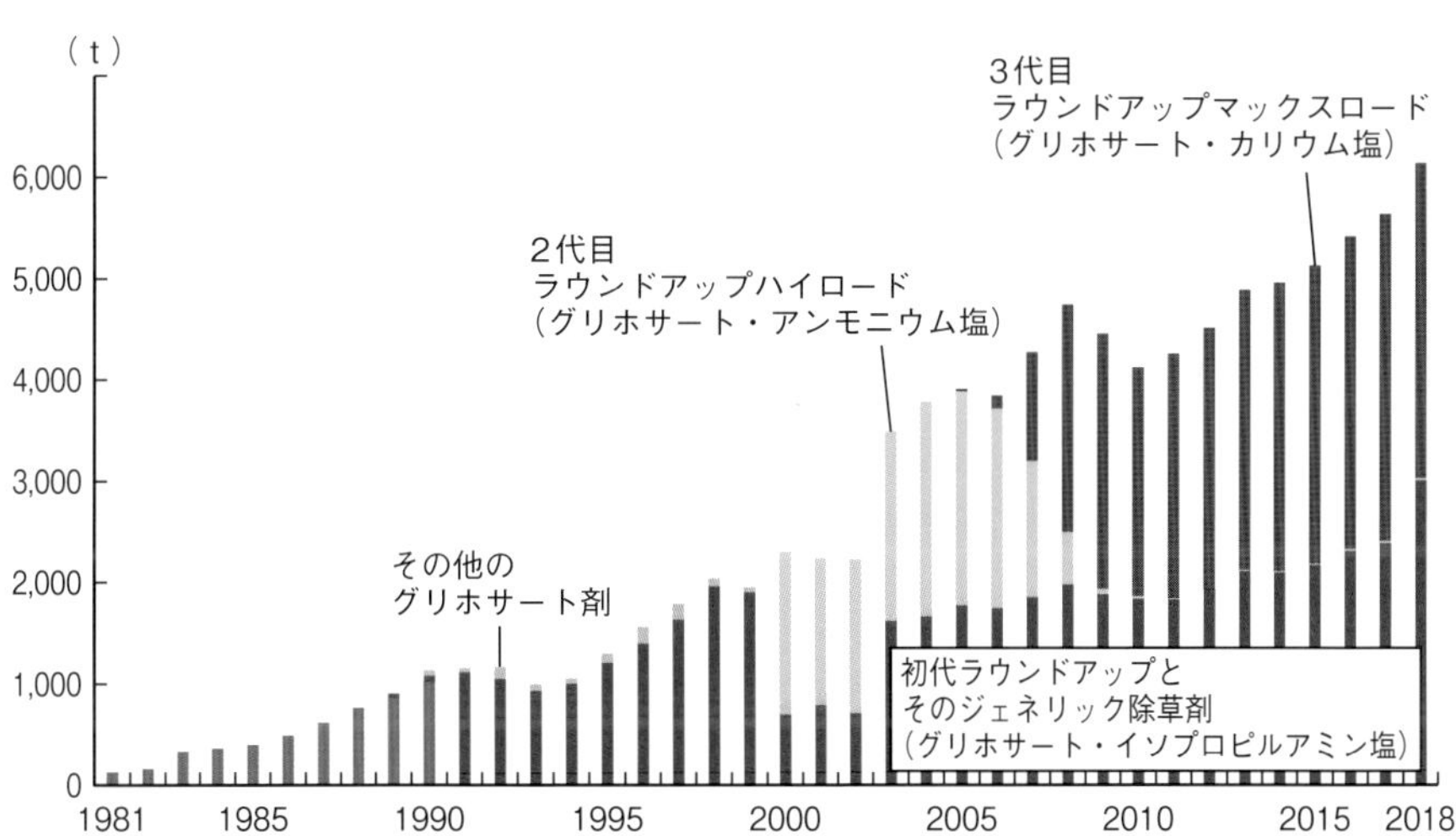

国立環境研究所の化学物質データベースより編集部作成

い止めた、という評価もある。

ラウンドアップは国内販売40周年

国内では80年に登録され、今年40周年を迎える。根っこまで枯れる吸収移行型除草剤として、日本の農家にも長く親しまれてきたわけだ。初代ラウンドアップは91年に特許が切れ、以来、多数のジェネリック除草剤が出回るようになった。現在、ホームセンターなどに並ぶ安いグリホサート系除草剤は皆、初代ラウンドアップのコピー商品である。

本家はその後、2代目の「ラウンドアップハイロード」を経て、現在の「ラウンドアップマックスロード」は3代目に当たる。本家もコピーも売り上げは好調で、2000年代も出荷量を順調に伸ばしている（上図）。本家では「超少量散布」（69ページ）もできるようになり、19年度の売り上げ高は前年比5％増の見込みだとか。

発ガン性を巡る裁判で敗訴!?

ところが最近、世界ではこのグリホサート系除草剤を手放す動きがある。ことの発端は5年前、国際ガン研究機関（ＩＡＲＣ）がグリホサートを「おそ

グリホサートを巡る2019年の国内の動き

農民連が東北から九州までの学校給食パン14製品を検査したところ、12製品でグリホサートを検出。外国産小麦を使用したパンではすべて検出し、地場産小麦のパンと米粉パンからは検出されなかった。検出値は0.03～0.08ppmで、小麦の残留基準値は30ppm（ただし、残留基準は2017年12月に5ppmから引き上げられた値）。遺伝子組み換え作物の栽培が認められた国の小麦には、生育中にグリホサート剤が頭上散布されている（106ページ）。国内産とは、その点が大きく違うのかもしれない。

デトックス・プロジェクト・ジャパンは国会議員23人を含む28人分の毛髪をフランスの研究機関で検査。根元から3㎝髪を切り、約3カ月間に摂取されたグリホサートとその代謝物質AMPAの含有量を調べた。その結果、19人から検出。いずれも除草剤の使用場面には接していないため、食べものから摂取されたものと考えられている。

一方、北海道の「小樽・子どもの環境を考える親の会」ではグリホサート系除草剤とネオニコチノイド系殺虫剤の販売中止を求め、流通大手4社に署名を提出。その結果、100円ショップダイソーはグリホサート系ジェネリック除草剤の販売を停止。食酢の除草剤の販売に切り替えた（43ページ）。

らくヒトに対して発ガン性がある」（グループ2A）に分類したのがきっかけだ。

ところが、IARCの発表と同じ年には、EUの欧州食品安全機関（EFSA）が「おそらくヒトへの発ガン性はない」と真逆の評価を発表。その後、グリホサートの発ガン性を巡る評価は、世界的な論争を巻き起こしている。EFSAの評価にはモンサント社の「関与」があったと疑われるなど、それはさながらスパイ映画のようである（EFSAは去年、21年までに新たなメンバーで再評価すると発表）。

そして18年以降、アメリカではラウンドアップを使い続けたせいでガンになったとする訴訟がなんと数万件も起こっていて、モンサント社（と買収したバイエル社）がいくつかの裁判で敗訴、総額1兆円もの和解金を用意したとする報道もある。

ただし、裁判に負けたからといって、すなわちグリホサートに発ガン性があると確定したわけでもない。その科学的再評価は現在も続いている。

世界に広がる脱グリホサートの動き

しかし海外には、早々に脱グリホサートを決めた国もある。ベトナムは去年、アメリカでの裁判の結果を受けて、グリホサート系除草剤の新たな輸入契約を禁止。ヨーロッパではルクセンブルクが今年中、ドイツは23年末までにグリホサートを全面禁止にする方針を決定している。フランスも多くのグリホサート剤の使用を禁止しており、他にも「脱グリホサート」の方針を決めた国はある。深刻な危険性が疑われる以上、「予防原則」（因果関係が完全に立証されていなくても、効率より安全を優先する考え方）において、自国の農家や市民を守ろうというわけだ。

国内でも再評価が始まる

日本はどうか。農水省は18年に施行された「改正農薬取締法」によって、21年以降、農薬の安全性を改めて見直すことにしている。現在市販されているすべての農薬は、国によって一度は安全性を認められている。しかし科学が発達すれば、その見解も変わることがある。そこで既存の農薬を15年ごとに、最新の科学基準で改めて評価しようとなったわけだ。

グリホサートは、子どもの発達障害との関連性が疑われているネオニコチノイド系殺虫剤4Aなどと一緒に、再評価の筆頭に挙がっている。

結果がわかるのはまだ少し先だ。現状、使う使わないは農家の判断にゆだねられるわけだが、グリホサートは便利だ。簡単に手放せそうにもない。しかしグリホサート系除草剤には、抵抗性雑草の問題もある（90ページ）。HRACコードを活用して違う系統の除草剤とローテーションを組むなど、グリホサートだけに頼りきるのはもうやめたい。編

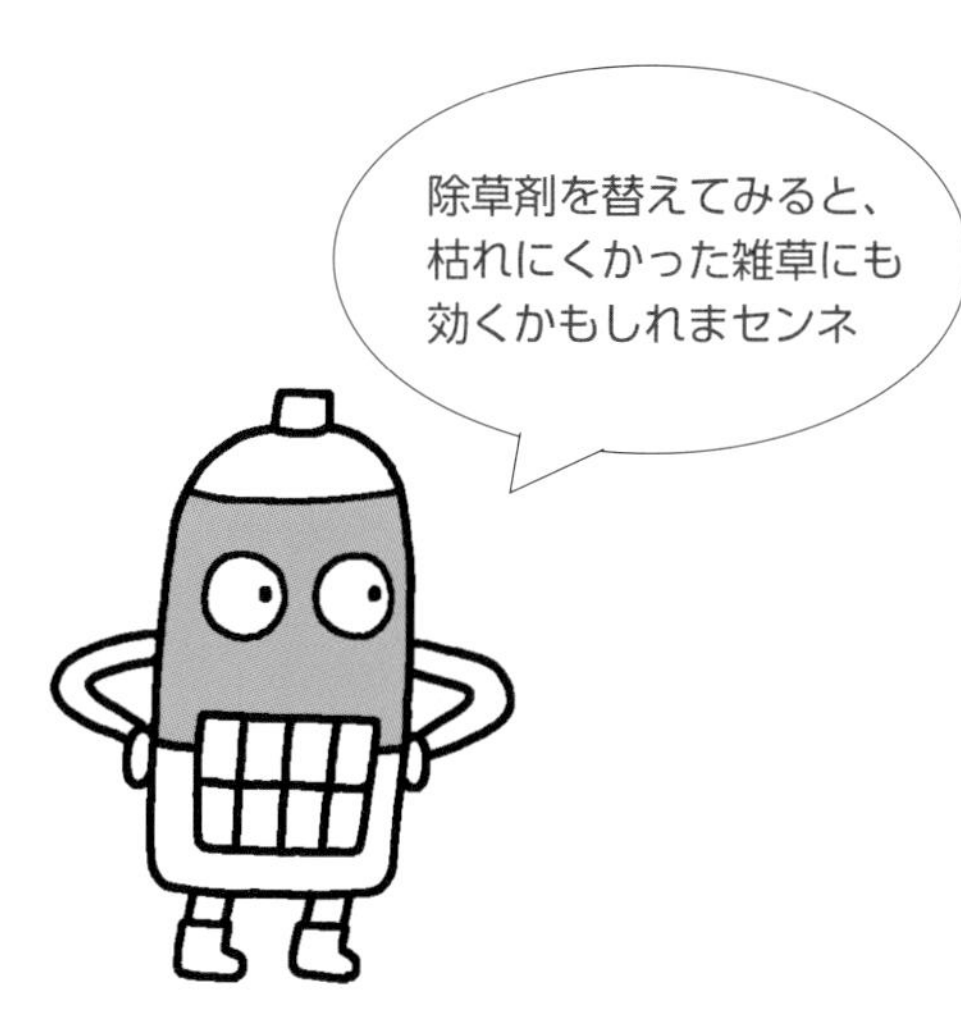

HRACの一覧は96ページ

展着剤や除草剤を混ぜる順番

編集部

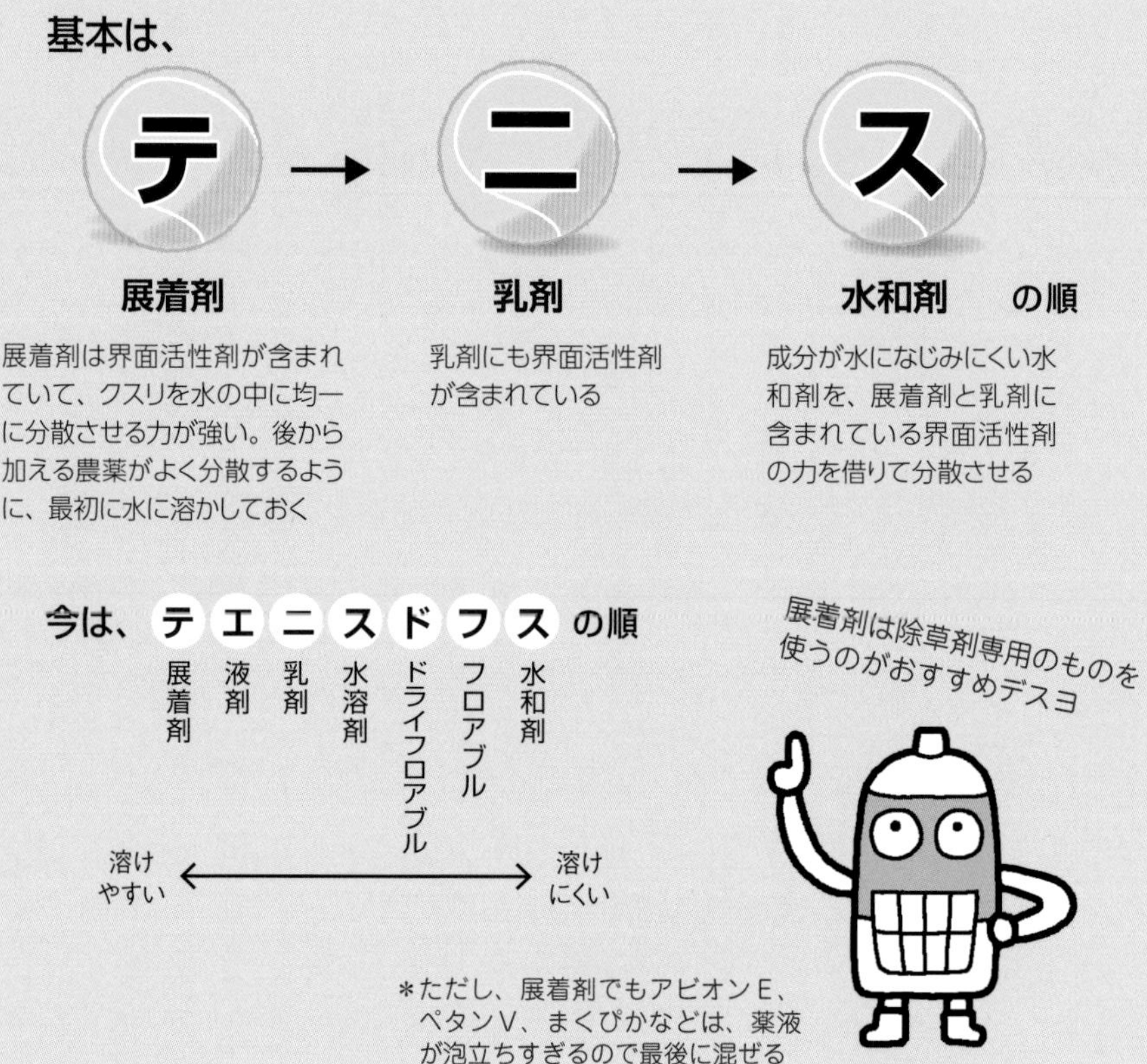

展着剤や乳剤や水和剤、フロアブルなどいろいろな剤型の除草剤を混用する場合は、混ぜる順番があります。タンクの水にまず展着剤を入れて、あとは溶けやすい順に加えていくんです。①展着剤→②液剤→③乳剤→④水溶剤→⑤ドライフロアブル→⑥フロアブル→⑦水和剤の順番です。こうすると、水和剤も水になじみやすくて、散布跡が残りにくくなります。

ただし、除草剤どうしを混ぜると薬害のリスクもあります。混ぜるときは十分注意してください。

第3章
もっと知りたい イネの除草剤選び

青木さんの

除草剤使いこなし解説

三重・青木恒男

代かき前に生えてきた夏雑草（春耕起はしない）をチェックする筆者
（写真はすべて倉持正実撮影）

剤型を選んで使いこなす

私が専業で稲作を始めたのは、20年ほど前です。以来毎年田んぼの雑草とお付き合いをしているわけなのですが、この20年の間に除草剤は3kg粒剤から1kg粒剤へ、さらにジャンボ剤、フロアブル剤へと剤型が増えてきました。「アゼからポンポン投げ込むだけですむ剤があるなら、いまさら散粒機を抱えて泥の中を歩き回る気にはなれないなぁ」というのが農家の本音です。ただ同時に、田から田へと水を落としてかんがいしているような未整備の田んぼや棚

図1　水田用除草剤の剤型による効き方の違い

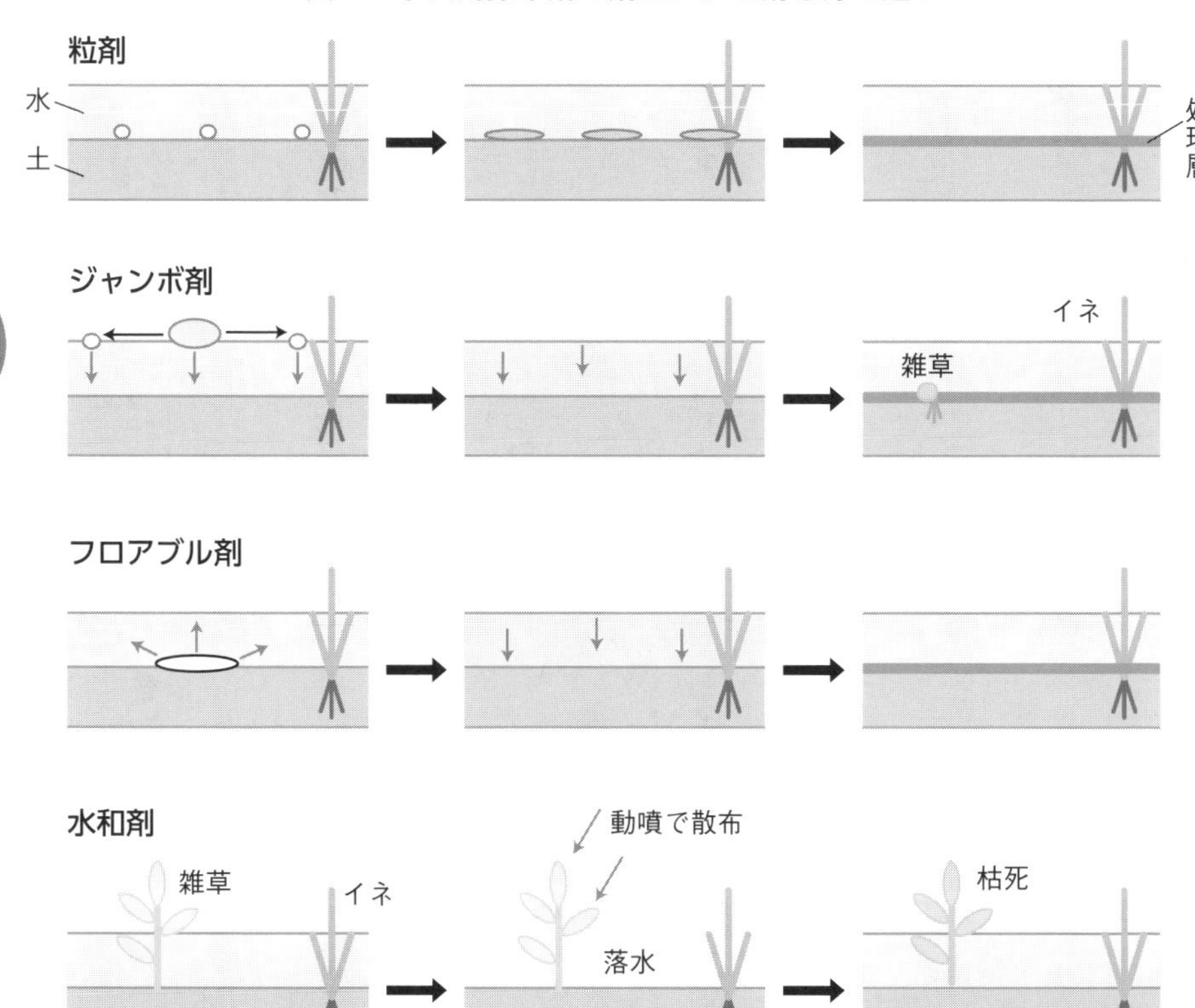

田では、やはり粒剤のほうが除草効果は高いという実情もあります。

私は最近、「あの田んぼには除草剤がうまく効かん。なぜだろう？」「見たこともない草が生え始めた。いい除草剤はないか？」などという相談を受けることも多くなりました。話を聞くと、特殊な事情があるわけでなく、そもそも除草剤の使い方に問題があることが多いのです。

そこで、まずは除草剤の剤型別に個々の特性や長所短所、選び方などについて整理してみます。

粒剤　地面に定着してから処理層が広がる

棚田、草の生えムラがある田んぼに

図1は、いろいろな剤型の除草剤が雑草を枯らすまでのプロセスを絵

にしたものです。

粒剤は、散布と同時に地面に定着したあと水に溶け、何日間かかけて周囲の土の表面に除草剤の処理層をつくりながら広がってゆきます。イネの苗は、この処理層の下に根を下ろすので影響を受けませんが、雑草のタネは、発芽するとき除草剤の層に触れて枯れてしまうわけです。

ジャンボ剤やフロアブル剤に比べると、粒剤は水中での移動量が少ないので、均一に効かせるためには田んぼ全体に満遍なく散布して回る手間が必要です。ただその分散布後の雨で有効成分が流亡してしまうことも少なく、上の田から順々に水を落としてかんがいしているような田んぼでも、上の田ほど効きが悪くなることも少ないのです。

また、雑草の多い場所には多めに、生えない場所には少なめに効かせるといった操作も、ある程度可能です。

ジャンボ剤
水面を広がり、水全体に溶けて沈殿

キレイな水面を狙って投げ込む

ジャンボ剤は、水溶性の袋に除草剤の粒が入ったパック状になっています。このパックを水に投げ込むと袋が溶けて破れ、中の剤が表面張力によって水面上を溶けながら広がり、その後数日間かけて田んぼの水全体に満遍なく混ざったあと土の表面に沈殿して処理層をつくります。

水面を広がる特性上、藻が発生していたりワラやゴミが集まっていたりする場所では拡散が悪くなりますので、キレイな水面を狙って投げ込みます。薬剤粒は数分で拡散しますが、その広がる様子と範囲は、パラパラ小雨が降ったり微風で水面に波紋ができているようなときには目で見て確かめることもできます。

ジャンボ剤には、一パックが20～50gといろいろなサイズがありますが、私は投げ込み時に遠投もコントロールもしやすい重めのものを使っています。

フロアブル剤
一度沈み、溶けて広がってから沈殿

少し薄めてからまく、流し込みも可

フロアブル剤は、除草剤の微粒子が粘液状に水と混ざったもので、散布後一度沈んだあとに水に溶け出して、ジャンボ剤同様数日間かけて沈殿して処理層を作ります。幅30mまでの田んぼならばアゼから軽く振るだけで薬剤は満遍なく広がりますか

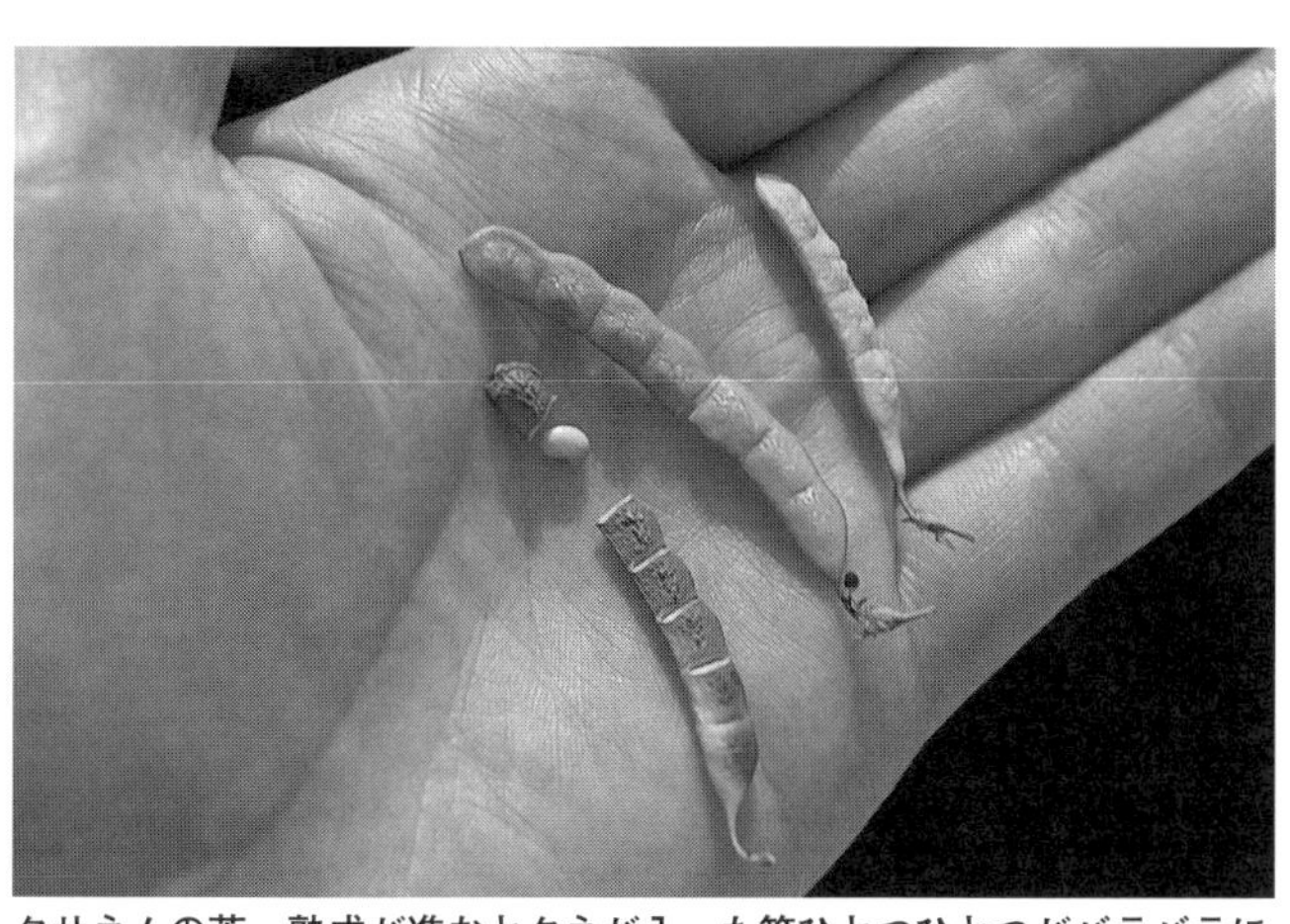

クサネムの莢。熟成が進むとタネが入った節ひとつひとつがバラバラに分かれる。タネ（熟すと黒っぽくなる）が米粒と同じくらいの大きさなので、収穫するときに混ざると選別が厄介

ら、散布の手間は除草剤の中では一番ラクだと思います。

ただ、水深が浅い場合や1カ所に多くまいた場合などには、剤が地面にベッタリ張り付いてしまって水に溶け出さないことがあります。そこでボトルの2～3割まいた時点で田んぼの水を吸い込み、振って攪拌して粘度を下げてから残りを散布するとよいでしょう。

また、用水が豊富ならば流し込み施用も可能です。田んぼにヒタヒタまで水が入った時点で水口にまとめて投入し、さらに7～8cmの水深になるまで水を足せば作業完了です。

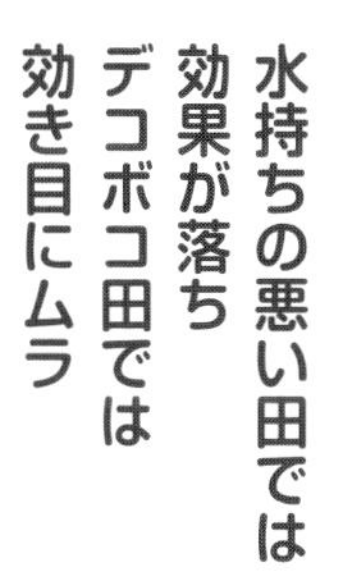

水持ちの悪い田では効果が落ち デコボコ田では効き目にムラ

ジャンボ剤とフロアブル剤は、基本的に処理層のできかたは同じで、剤が一度完全に水に溶けてから3～4日かけて沈殿を始めるというプロセスがあります。そのため水持ちの悪い田んぼほど除草効果は落ちます。例えば減水深が3cmある田んぼでは10cmの水も3日でなくなってしまいますから、こまめに水を追い足してなくならないようにしないと薬剤成分は流亡してしまいます。

また田んぼが均平でない場合にも、効果と残効期間に偏りができてしまいます。1枚の田んぼでも、水深が違えば深い場所より浅い場所のほうが効きが悪くなったり、水没したイネの部分に薬害が出たりもします。

6月以降の草は水和剤を直接かける

田植えが早くなった地域や初期除草剤の効きがよくなかった田んぼには、最近、6月以降にクサネムやタカサブロウといった雑草が生えるようになってきました。これらの雑草

は、発生密度はそれほど高くないのですが、大型で収穫時の害が大きいものです。また初期に討ちもらしたヒエも、イネより大きくなって目立ってきます。

この時期が除草の最後のチャンスなのですが、使える剤は「後期除草剤」しかありません。イネ科雑草、広葉雑草それぞれによく効く水和剤がありますので、中干しのつもりで水を完全に落としてから水和剤を動噴で直接雑草にかけて除草します。

雑草に合わせて使いこなす

図2は、三重県平野部の代表的な水田雑草の発生時期と、除草剤の種類および有効期間を時間軸上に並べたものです。三重県は南北に長い県なので、田植え時期も暖かい南部の3月下旬から北部や山間部の5月下旬まで幅がありますし、各雑草の発芽適温がそれぞれに違うので、生え始める時期もさまざまです。地域によっても田植え時期によっても生えてくる雑草の種類はさまざまですから、自分の圃場と田植え時期に合わせたケースバイケースの除草体系を作っておかないといけません。

ヒエだけ問題なら初期剤1回、5月中旬以降の草には中期剤

例えば、私が田植えを始める4月下旬に発生を始める主な雑草はヒエですが、今どきの除草剤ならこれに効かない剤はありません。そこで、ほかに問題になるような雑草が生えない田んぼならば、田植えと同時施用OKの「初期剤」1回散布だけで問題ありません。

しかし問題は、その1カ月後です。5月中旬を過ぎると水温も上がって、アシカキやスズメノヒエなどアゼから進入する匍匐型の雑草や、コナギやマツバイなど高温性の雑草が発芽してきます。

初期剤の効果期間は15〜20日間しかないので、これらの雑草には効きません。しかしこの時期の雑草にはよく効く専用の「中期剤」がありますから、発生を見たら即中期剤を散布という二段構えの体系除草が有効です。

毎年同じ時期、同じ雑草なら初中期一発剤を遅めにまく

また、毎年同じ時期に同じ雑草が生えることがわかっているような田んぼでは、広範囲の種類の雑草に除草効果が高く残効期間も30〜40日と長い「初中期一発剤」を、田植え後なるべく遅く（1週間から10日後）散布。初期のヒエやイボクサから中期のコナギ、マツバイまでをまとめて処理すると、除草コストは安くす

みます。

さらに1カ月後、6月中旬にはもうひと山雑草の発生期があります。クログワイやオモダカといった宿根性の多年草が出芽する時期です。

これらの雑草は、生える田んぼも場所も出芽時期も毎年ほぼ決まっていますから、予測される時期になったら生えるであろう場所に予防的に中期剤を散布しておきます。

ここまでの体系で除草しきれなかったしつこい雑草は、動噴を担いで後期剤で各個撃破ということになります。

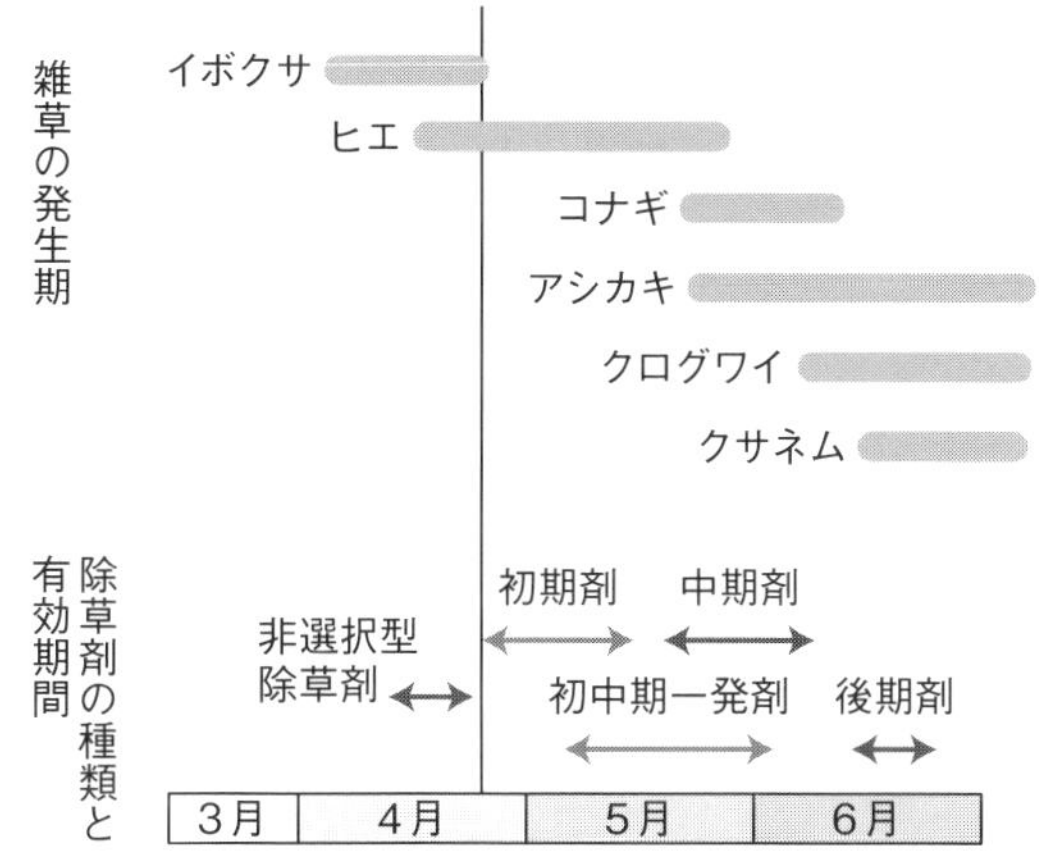

代かき前の夏雑草は水少なめ代かきで練り込む

基本的に春耕起しないため、最近は温暖化の影響か、春先に雨が多い年には代かき前にすでにヒエやイボクサ等の夏雑草が田んぼ一面に生えて大きくなっていることもあります。これらの草は水に浮く性質を持っているので、不精してそのまま代かきしてしまうとあとで着底して生長し、除草のしようがなくなってしまいます。

このような場合には、水持ちのよい田んぼならば代かき水を少なめにして壁土を練る要領で草を土に練り込んでしまってから田植えをするか、バスタやラウンドアップ等の「非選択性茎葉処理除草剤」を動噴で散布してから水を入れて代かきするようにします。

（三重県松阪市）

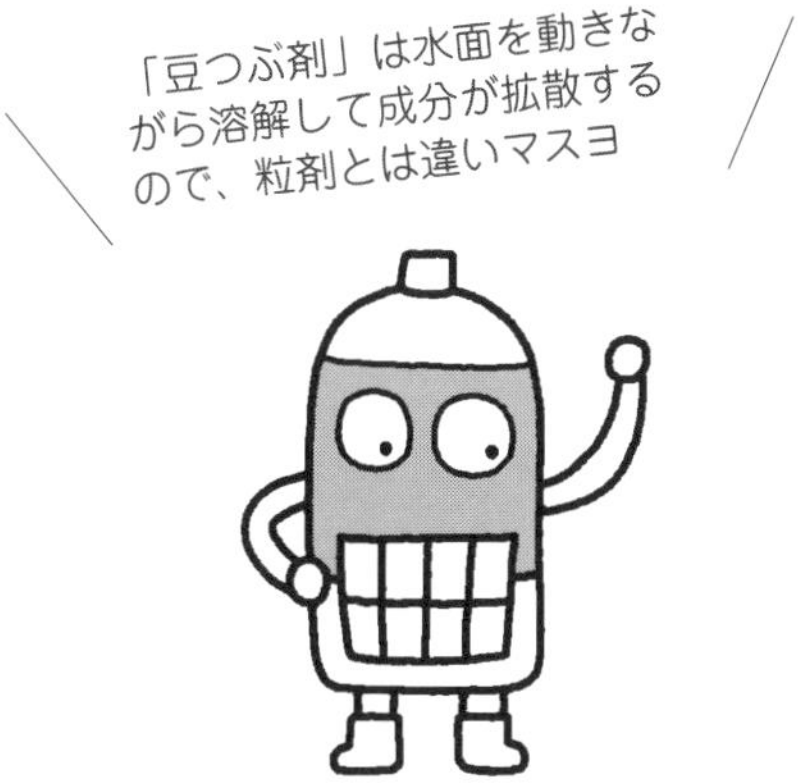

図2　三重県での代表的な水田雑草の発生時期と除草剤の種類と有効期間

草に合わせた散布時期と除草剤選び

市川一行

稲作農家の悩みのタネのひとつは雑草との闘いです。田植えが終わり、一段落すると「草が枯れない」「除草剤が効いてないよ」と毎年必ず声がかかり、現場に足を運びます。いまどきの除草剤は昔のものに比べて本当によく効きます。それなのに、効かないのはなぜでしょうか?

時間をかけて雑草や水田を観察すると、散布した時期やその時の雑草の状況が浮かび上がり原因がわかります。

例えば「ノビエ2・5葉まで」という除草剤を使った圃場に行ってみると、ノビエの3葉目に除草剤がかかった褐色の斑点がついていました。ということは、散布時期が遅すぎたのかもしれません。

ヒエはイネの生育と非常に似ており、葉齢はおよそ1週間で1葉ほど進みます。日数を目安にすると「ノビエ3葉まで」なら、田植え後3週間以内(田植え1~2日前に代かきした場合)には散布しなければならないし、天候や土壌の状態などで生育が早まることを考えると2週間以内がベストでしょう。

お客さんと筆者(左から2番目。倉持正実撮影)

「除草剤が効かない」のはなぜ?

㈱植竹虎太商店は、栃木県那須塩原市の黒磯駅前で肥料・農薬を販売しているお店です。秋にはお米の集荷や販売もしています。創業127年「農家さんの笑顔でメシを食う」をモットーに日々奮闘してきました。私はその会社の営業です。営業といっても農作物栽培のアドバイスをしたり、相談に乗ったりしているだけです。どんなことでも相談していただけるような存在を目指しています。

ホタルイ

初中期一発剤をまいたのに、時期が遅かったのかホタルイが田んぼ一面に広がった

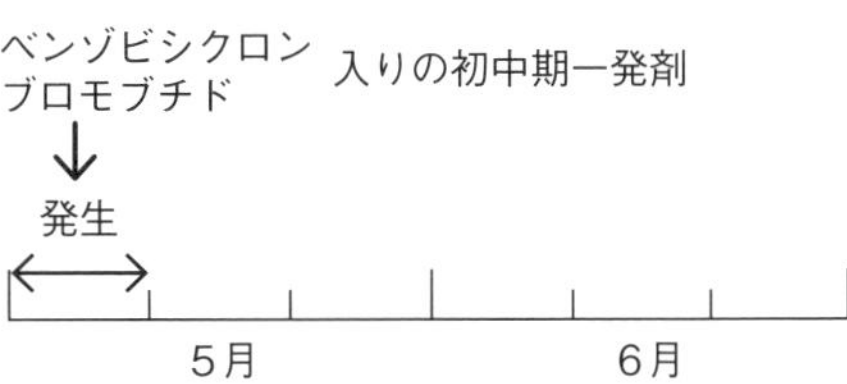

※右の図は、写真の雑草の発生時期と除草剤の散布適期。以後も同様

草に合わせて散布時期と製品（成分）を選ぶ

ここからは当地で問題になっている雑草の対策方法を草種別にご紹介します。

雑草の発生時期が異なると、除草剤の適切な使用時期も変わります。5月上旬に発生するホタルイに対して5月下旬以降に除草剤を散布してもよい効果は得られないし、5月中旬に発生するクログワイに対して「毎年発生するから早めに5月初めに散布したんだ」というのでは抑えられません。除草剤には残効期間がありますが、やはり効果がいちばん高いのは散布直後ですから、散布タイミングは非常に重要です。

●ホタルイ（イヌホタルイ）

私の最大の敵はホタルイです。発生初期は非常に小さいので見落としがち。しかしほかの雑草と比較すると、生育スピードと生命力がケタ違いです。ノビエと比べると低温でも生育が進みやすいうえ、暖かくなると遅れを取り戻すかのように急速に生育します。少なくとも4枚目の葉が出る前に初中期一発剤でたたかなければ、その後は後期除草剤（茎葉処理剤）のバサグランをまくしか対処法がありません。

散布時期を守るほか、初中期一発剤の内容成分を選ぶことも重要です。ホタルイの特効薬といわれているベンゾビシクロンやブロモブチドを含む除草剤を選びます。その中でも「クサトリーDXフロアブル」はブロモブチドが最大規定量（18％）入っています。

●クログワイ

一方、クログワイは中期に発生する難防除雑草です。ひとつの塊茎から複数の芽が時期をずらして発芽してきますので、そのタイミングに合わせて除草剤を散布しなければなりません。

最初に出る芽の生命力は弱く、たいがいの初中期一発剤で枯らせます。しかし、1本目が枯れてから30～40日後に2～3本目が出てくるときには初中期一発剤の残効は切れかけています。ダメージがない場合、芽は1日平均1～2㎝ずつ伸長しますので、1週間もすると10㎝以上になります。「最初はすごく除草剤が効いていたが突然出てきた」という話は、こうしたクログワイの生態をよくあらわしています。

ではどうすればよいのか？　まず初中期一発剤には「残効が長い」といわれるSU剤を使います。その後、遅く出た芽が出揃った頃に中期除草剤をまきます。

私の経験上、当地区ではSU抵抗性雑草はないに等しく、SU剤はまだまだ効果的です。しかし、SU剤といっても特徴はさまざまです。おすすめの初中期一発剤は「オシオキMX一キロ粒剤」。この除草剤の成分であるアジムスルフロンはほかのSU成分に比べて残効は短いですが、パンチ力（枯らす力）は強い。10～20㎝に育ったクログワイも枯らせます。完全に枯れなくてもイネ刈りまで生長を止められます。

「枯れない＝除草剤が効かない」ではなく、生長を止めて光合成をさせず、根の働きを弱らせ、塊茎の養分を使わせることも根絶への第一歩。翌年芽を出す新たな塊茎をつくるのを防ぎます。

その後、同じ成分を含む中期除草

クログワイ

初中期一発剤で1本目の芽を抑えたが、再び芽を出したクログワイ。再生した芽が伸び草丈が15cmになったところで中期剤をまいた

中期剤の「クサファイター（アジムスルフロン含有）」をまいて枯れたクログワイ。枯れなかったとしても塊茎にダメージを与えられる

アジムスルフロン入りの初中期一発剤
同成分の中期剤
発生①
発生②
5月
6月

剤をまくのがいいでしょう（「クサファイター」など）。葉に変化が現われたら、クログワイを抜き取ってみてください。塊茎が指で簡単につぶせるようなら除草剤が効いている証拠です。

それでも完全に根絶するには5～7年くらいはかかるでしょう。クログワイの塊茎は、土中で芽を出さないままでもそのくらい寿命があるし、大きい塊茎ほど、枯らしたと思っても生き残ってしまい、翌年にも芽を出すことがあるからです。

●オモダカ

オモダカもクログワイと同じく塊茎で殖える雑草です。きれいな白い花が咲きますが、その開花時期に地下では

オモダカ

白い花を咲かせたオモダカ。
すでに翌年のための塊茎が
つくられている

プロピリスルフロン入り初中期一発剤
↓
発生①
←→

安い中期剤
↓
発生②
←→

5月　6月

恐ろしいことが起きているのです。ランナーの先に新たな塊茎が形成されています。生長さえ止めれば花は咲きません。そこまで弱らせると、新たな塊茎は形成されづらくなります。

ダラダラと発生するオモダカには、初中期一発剤としてプロピリスルフロンといった残効の長いSU成分を含む「ゼータシリーズ」などを選びます。

ホタルイも、クログワイやオモダカも多い場合

また、ホタルイとオモダカがどちらも多い圃場では、ホタルイによく効くブロモブチドと、オモダカに卓効のあるプロピリスルフロンを含んだ「ゼータファイヤシリーズ」がおすすめです。

イヌホタルイのほかにクログワイが多い場合は体系防除が必要です。

田植え後すぐにイヌホタルイをガッチリたたきたいので初期一発剤「ヨシキタシリーズ（ブロモブチド含有）」を早めにまいてから、クログワイによく効くSU成分入りの初中期一発剤や中期除草剤を散布するのがよいと思います。

雑草防除のためには、雑草の生態と除草剤の特徴をしっかり把握しなければなりません。私はできる限りその農家さんにあった使い方や除草剤などを把握するため、シーズン中は毎日、田植え長靴を履いて雑草と向き合っています。

（栃木県那須塩原市）

残効期間中は水を切らさない

最後に、除草剤を効果的に効かせるために怠ってはならないのが水管理です。多くの除草剤がありますが、どれも散布後、田面に処理層（除草剤成分でできた薄い膜）を形成し、そこに雑草の芽を触れさせることで枯らします。

田んぼが長期間干されると、せっかく形成された処理層が分解されてしまいます。除草剤の残効期間中は、できる限り水を切らさないようにしてください。

左がオモダカで右がイネ。矢じり形の葉がイネの高さくらいまで育ち、7月には白い花が咲く

カメムシを安く防げる冬の除草剤散布

高岡誠一

越冬場所の草を抑える

近年、発生が多いカスミカメムシ類は、5月中旬頃に越冬卵が孵化して幼虫となり、その後、約30日ごとに次の世代が発生します。第一世代までは畦畔などの雑草地に生息し、イネ科雑草の種子をエサにして増殖します。

水田内に侵入し斑点米をつくるのは、7月下旬に発生する第二世代です。第二世代の発生を少なくするためには、発生源である越冬世代や第一世代の発生量を減らすことが重要です。

そこで、越冬場所である水田周辺の雑草地に、雑草種子の発芽抑制効果のあるＤＢＮ粒剤を散布し、越冬世代にダメージを与え、発生源を絶つ新たな防除対策を考えました。

冬、積雪前にＤＢＮ剤散布

ＤＢＮ粒剤は、平均気温が12度以下となる11月中旬以降に散布すると、翌年のイネ科雑草の発生時期が遅くなり、6月中旬まで発生が見られませんでした。アゼの面積10ａ当たり８kgのＤＢＮ粒剤（カソロン粒剤４・５使用）を散布すると、雑草抑制効果が長く持続します。

冬にＤＢＮ粒剤を散布した畦畔では、6月下旬に雑草が再生してきても、雑草の中に生息するカスミカメムシ類（第一世代）の発生はほとんど見られず、無散布に比べ、カメムシ類に対する高い発生抑制効果がありました（表）。

この新たな防除体系は、慣行防除体系よりも、斑点米の発生は少なく、一等米の検査基準である０・１％以下になりました。また、防除コ

カソロン粒剤 4.5 散布の有無とカメムシ類の発生量（6 月 25 日）

調査地	カソロン粒剤散布	カスミカメムシ類（頭）	
	12月上旬	成虫	幼虫
南越前町	有	0	0
	無	157	0
福井市	有	0	0
	無	55	12

調査方法：20回往復すくい取り調査

5月下旬の雑草発生状況

カソロン粒剤4.5を散布。雑草は枯れてほとんど生えていない

無散布。雑草が畦畔一面に生えている

斑点米発生率と防除コストの比較

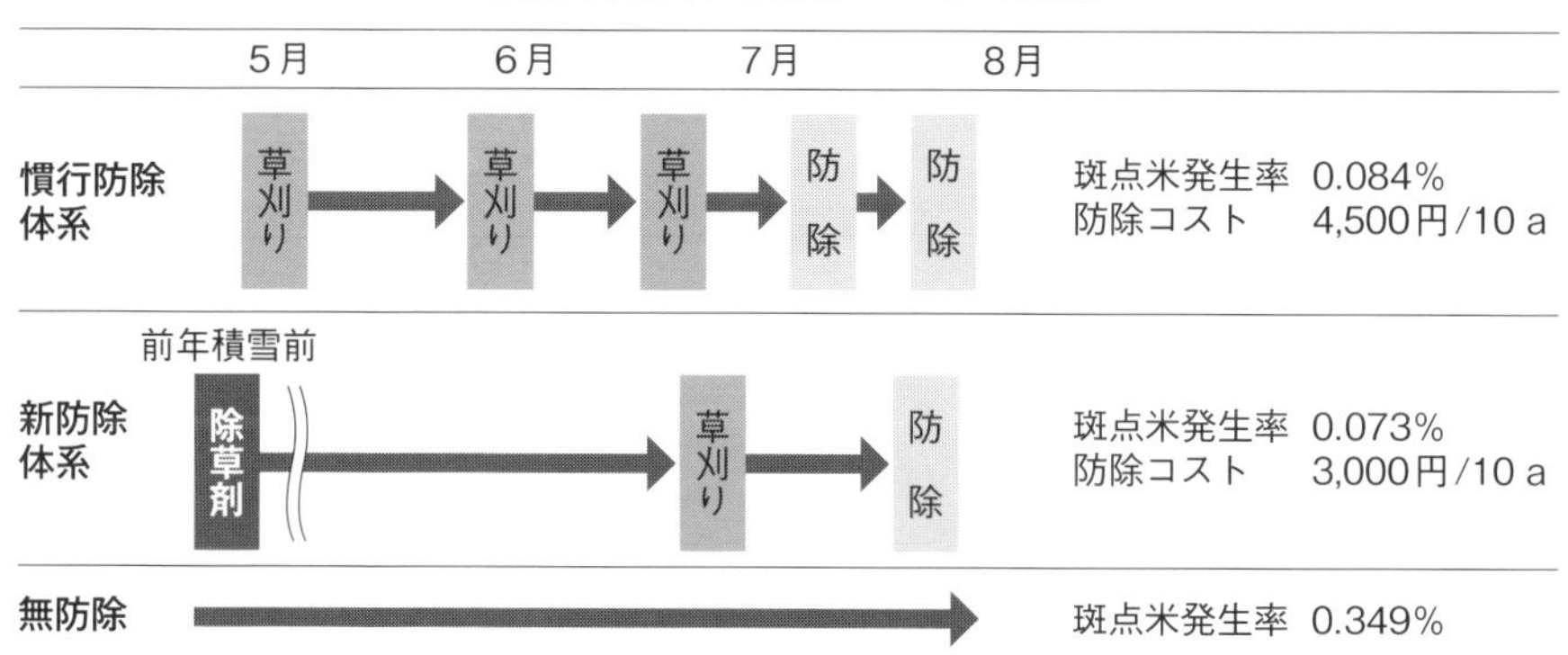

ストも、慣行の防除体系に比べ、1500円の低減が図られます（表）。

新防除体系の面積が4倍に

新技術の導入により、「斑点米の発生抑制による米の品質向上」「化学農薬の使用回数の削減」「斑点米防除にかかる除草や薬剤散布作業の省力化」「農繁期の作業の分散化」「エコファーマーを支援できること」が期待されるため、福井県内全域の水稲栽培農家を対象に普及推進を図った結果、2013年のDBN粒剤の散布面積は前年の約4倍となりました。

また、水田周辺雑草地だけでなく、高速道路の法面などの農用地以外の雑草地でも、関係機関と連携し、広域で新技術を取り入れ、より高い防除効果を目指しています。

（福井県農業試験場）

遅播き、浅播き、早期入水で、湛水直播で除草剤1回

北海道妹背牛町・佐藤忠美さん

ジャンボタニシがいなくても、除草剤を1回で済ませている農家はいる。

「初中期で逃したらワイドアタック。オモダカとかミズアオイなんかが殖えたら、今度はバサグラン……。こんな直播栽培じゃあ長く続けらんないよね」と佐藤忠美さんは思う。平成6年から直播を始め、妹背牛町水稲直播研究会を引っぱってきた。佐藤さんがやるのはカルパーコーティングの湛水直播だが、たいていは落水出芽が終わって再入水後にまく初中期一発剤しか使わない。

ポイントは、代かきから除草剤散布までの期間を短くすること。まだ弱い雑草を確実に叩けるかどうかが除草成功のカギ、というわけだ。頭ではわかってることだけど、イネの生育との兼ね合いもある。佐藤さんのポイントを教えてもらった。

焦らず、遅播き

初中期一発剤はイネの出芽後にしかまけないので、発芽・出芽を早めるのがまず大事になる。そのために、佐藤さんは遅めの播種を心がけている。

北海道の播種適期は「平均気温が11~12℃のとき」とされているが、このくらいの気温が数日続かないと代かき・播種をしない。共同で使う播種機なので極端なことはできないが、北海道の平均よりも5日くらい遅く、5月18~21日に播き始める。

0~0・5㎜の浅播き

春先の気温が低い北海道では、播種深度の微妙な違いが発芽にかかる期間にもろに影響するらしい。指導で言われるのは「1㎝以内」だが、佐藤さんは表面に種モミがいくらか見えるくらいの深さが目標だ(0~0・5㎜の深さ)。こう聞くと機械の設定が大変そうだが、そうでもない。

佐藤さんは、「ブームタブラー(両端の筒から空気が出て、ナイアガラホースの要領で種モミを落としていく乗用の機械)」を使ってのばら播

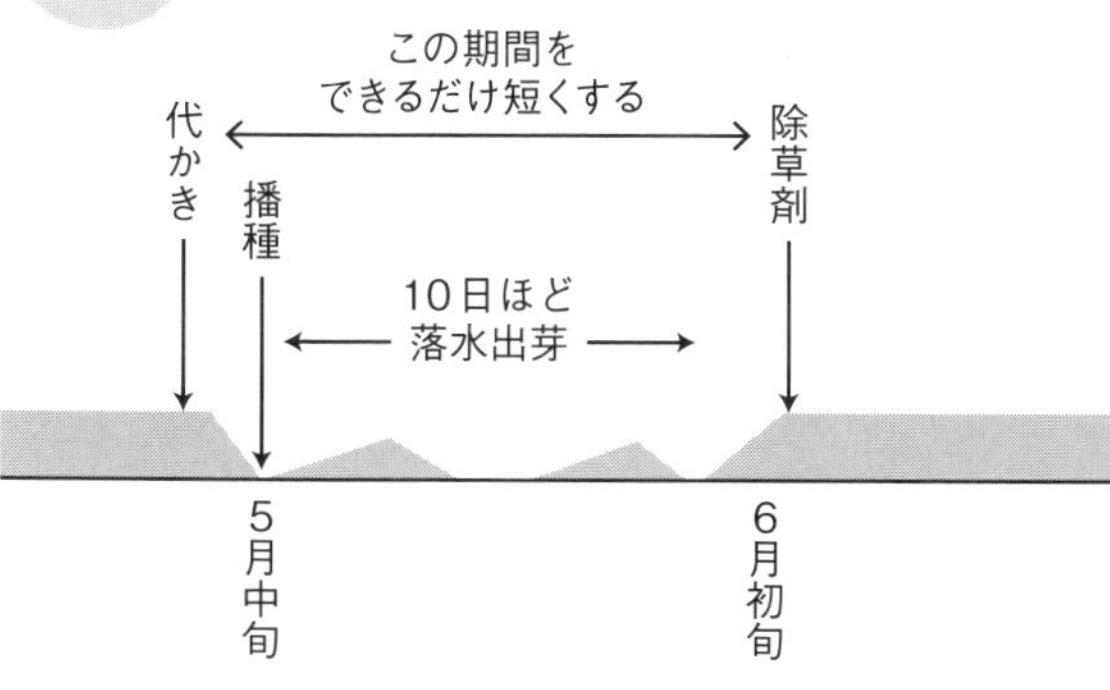

代かきは、播種の2～3日前にやる

きにこだわっている（播種量は10a 9～10kgで、条播きとほぼ同量）。というのも、条播きだと播種時の土の硬さで微妙な調整がいるが、ばら播きだと田んぼがよほどグズグズでない限り、表面から種モミが見えるくらいの深さになるからだ。

出芽でなく、発芽確認で入水

播種後は湛水せず、出芽を促すために「落水出芽」。遅播きで浅播きした種モミは、4～5日おきに田面の亀裂に染みわたる程度に水を入れる走り水を2回繰り返すと、土の中で芽を出し始める。その頃を見計らって土をほじくり、発芽を確認したら、入水。初中期一発剤をまく。

除草剤は、以前はイネが1葉期になった頃にまく「トップガン」を使っていたが、最近は出芽始期（10％が出芽した時点）にまいてもイネに薬害が出ないうえ、残効が長い、新しいタイプの初中期一発剤「バッチリ」を導入している。これなら雑草をいち早く叩けるわけだ。そのせいもあるのだろうか、研究会の中でも除草剤を1回で済ませられる人が増えてきた。

雑草が殖えたらムギ畑に

また、初中期一発では叩きにくい、ミズアオイなどの遅く生える水田雑草が殖えてきたところでは、2年間ほど小麦畑にして、田畑輪換で雑草を抑える。

じつは佐藤さん、10年間ほどは乾田直播にも取り組んだこともあった。確かに乾土効果が強くていいイネにはなったのだが、暗渠の入った田んぼでは水持ちが悪く、3～4回除草剤を振っても草が収まらないほどだった。だから、この田んぼは小麦、ここはイネというように分けていたのだが、湛水直播ではそんなことはまずない。

「圃場にこだわらなくてもいいんだよね」というのが、佐藤さんが湛水直播にこだわる理由だ。

第4章

もっと知りたい ダイズ・ムギの除草剤選び

土壌処理剤の選び方と使い方

北海道長沼町・グループH

4年ほど前に長沼町内の若手農家10人ほどで結成された「グループH」。年々、個々の耕作面積が拡大し、親からの経営移譲も進むなか、自主的に勉強会を開催したり、日々情報交換を密に行なっているという。今回はメンバーのうち3人に、土壌処理剤の選び方や除草の課題をあれこれ聞いてみた。

土壌処理剤の組み合わせはみな違う

長沼町ではダイズ収穫前に小麦を播種する「ダイズ間作小麦」が行なわれており、栽培の流れは左ページの図のとおりだ。ダイズの生育ステージから考えると、8月以降に雑草よりダイズが優勢に育っていれば、繁茂で日陰ができ、雑草は抑えられる。だから、課題は6〜7月の雑草をどう抑えるか、いかにダイズの発芽と初期生育をよくできるかで、土壌処理剤と耕起作業が栽培初期のポイントとなる。

土壌処理剤は、イネ科雑草と広葉雑草にそれぞれ効果のある薬剤を組み合わせて散布する農家が多く、ラッソー（イネ科狙い）&ロロックス（広葉狙い）の混用散布が一般的。

しかし、3人は畑でイヌホオズキの発生が見られるため、ロロックスの代わりにフルミオを使う。フルミオはイネ科雑草には効果がないが、イヌホオズキにはよく効くそうで「実際、イヌホオズキはだいぶ減りました」（巻）。

あとはイネ科雑草狙いのほうを何にするかだが、これは三者三様だ。

巻「ツユクサへの効果も期待し

今回お話を聞いたみなさん

● **桃野洋一さん（38歳）**
水稲10ha、小麦15ha、ダイズ15ha、ブロッコリー2ha、スイートコーン1ha
「昨年は茎葉処理剤の散布はしないですみました」

● **南 貴文さん（36歳）**
小麦21ha、ダイズ32ha、ニラ13a
「とにかくツユクサが大問題。何とかしたい！」

● **巻 祥之さん（35歳）**
ダイズ9ha、小麦6ha、トマト60a
「最近はカルチ除草はしていません」

て、プロールプラスを2年ほど使っています。昨年はいつもより発生が抑えられたような気もします」

桃野「この5年はフルミオ&ラッソーで。昨年は薬剤散布は土壌処理のみ、あとはカルチと手除草で抑えられました」

南「ツユクサに多少の効果がある

ダイズ栽培の流れ

4月	**茎葉処理剤** （ラウンドアップなどでイネ科雑草を除草） 耕起・整地
5月	ダイズ播種 **土壌処理剤**
6月	**茎葉処理剤**
7月	草が残っていれば**茎葉処理剤** **（ウネ間散布）**
8月・9月	ダイズの繁茂で雑草を抑えられる 小麦播種
10月	ダイズ収穫

主な土壌処理剤

○：効果が高い、○～△：やや効果が劣る　　イネ科、広葉とも一年生雑草

製品	成分	イネ科	広葉	メモ
ラッソー	アラクロール	○	○～△	・一年生イネ科雑草に卓効 ・一年生広葉雑草やカヤツリグサ科雑草にもある程度の効果 ・タデ科、アカザ科雑草には効果が劣る
ロロックス	リニュロン	○～△	○	・土壌処理または茎葉処理で一年生雑草、とくに広葉雑草に高い効果 ・砂質で水はけのいい土壌では使用量をひかえめに
フルミオWDG	フルミオキサジン		○	・出芽前の雑草に対して高い土壌処理効果 ・既発雑草に対する茎葉処理効果もある程度期待できる ・ツユクサ科やヒルガオ科を含む広葉雑草に卓効
フィールドスター	ジメテナミド	○	○～△	・一年生雑草、とくにイネ科雑草に高い効果 ・アカザ科・アブラナ科・タデ科の雑草には効果が劣る
デュアールゴールド	S-メトラクロール	○	○～△	・一年生イネ科雑草に卓効 ・カヤツリグサやスベリヒユ、ハコベ、イヌホオズキなどにも有効 ・タデ科やアカザ科の雑草には効果が劣る
プロールプラス	ジメテナミドP／リニュロン／ペンディメタリン	―	―	イネ科雑草や広葉雑草に高い活性のペンディメタリン、イネ科雑草やカヤツリグサに高い活性のジメテナミドP、尿素系除草剤のリニュロンの3成分による混合剤（販売元のWEBサイトより）

農業総覧・病害虫診断防除編に収録（※ルーラル電子図書館にも収録）の「除草剤の選択と使用法」（村岡哲郎・野口勝可（公益財団法人 日本植物調節剤研究協会））を基に作成

といわれているデュアールゴールドをずっと使っています。でもなかなか抑えられずにいるので、来年はプロールプラスも試してみようかなと。とにかくツユクサに困っているので」

土質や耕耘のやり方の違い

土壌処理剤の使用では3人とも、処理効果を上げるのと同じくらい薬害を出さないことも強く意識している。そのためのポイントの一つは、土質に合わせた薬剤の濃度や量の調整。とくに、薬害が起こりやすい砂質の畑では「薄め、少なめの散布を心掛けて、折り返しの際や枕地まわりでは除草剤が重ねてかからないよう注意しています」（桃野）とのこと。

また、耕耘も重要で、土壌処理剤の効きとダイズの発芽・生育の両面から、土塊がなるべく小さく、表面の凸凹が少なくなるよう、ロータリ耕などを丁寧に行なう（19ページ）。ただし、あまり細かくしすぎると、クラスト（地表面の膜）ができて干割れし、ダイズの生育に影響する。割れ目から雑草も生えて逆効果となる。

土壌処理剤散布後の対策

▼カルチには中耕効果を期待

土壌処理剤散布後に、桃野さんと南さんは最低1回はカルチ除草を行なう。

6月後半〜7月上旬には1回目のカルチ除草をするという桃野さん。カルチ除草で土壌処理剤の処理層は壊れてしまうが「雨が降るとしまりやすい畑なので、カルチで土を砕いて空気を土中に入れる」と中耕の効果による生育促進の面を重視している。また、ここ数年は雨が多

浸透しやすい砂質土壌は薬害に注意

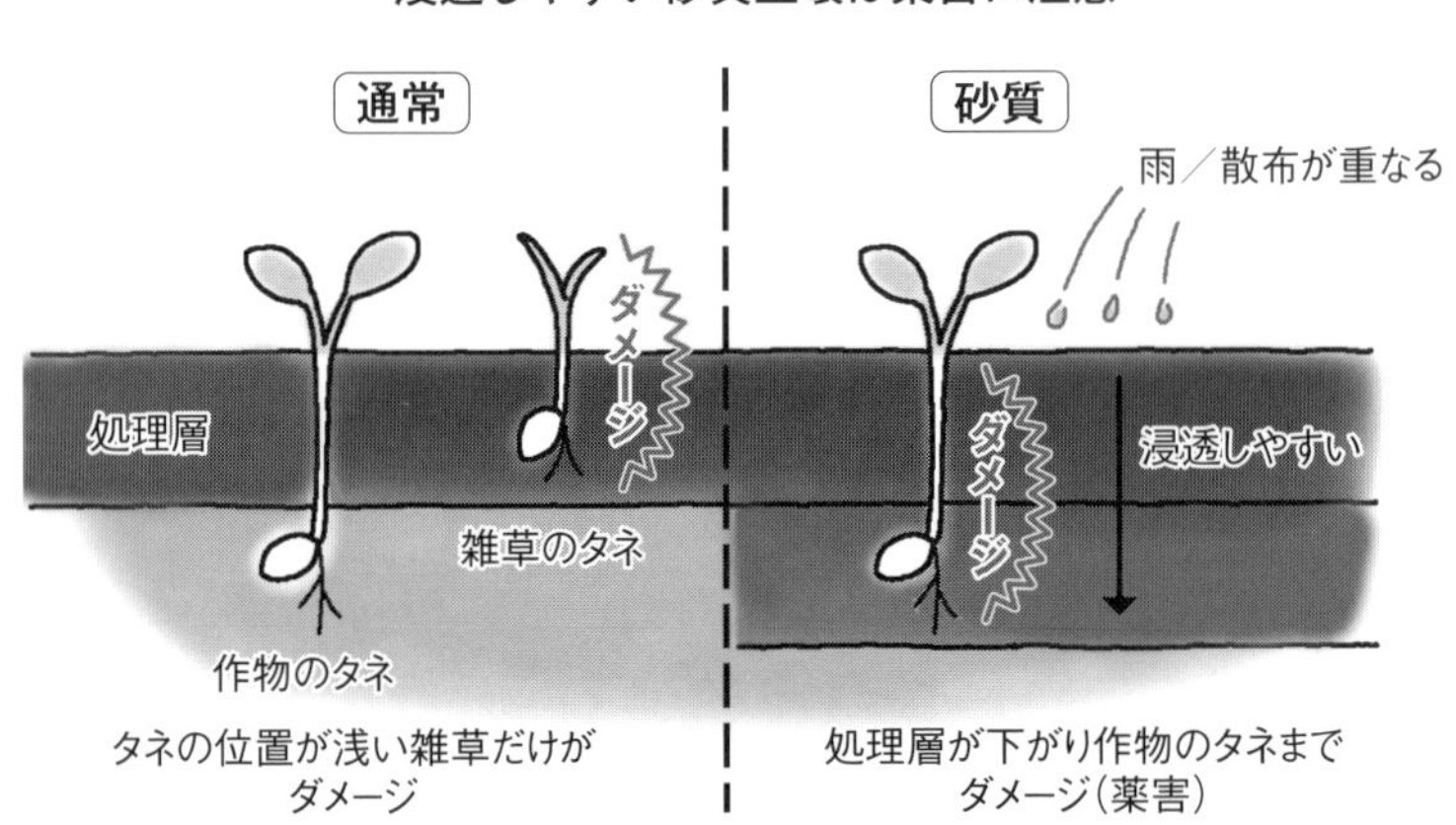

くクラストができやすいので、それを壊すという意味もあるという。除草は、それぞれの方法のさまざまな面を総合的に判断することが必要、というのが桃野さんの考えだ。

▼難敵ツユクサ、ポイントはやっぱり早めの対応

イネ科雑草は、土壌処理剤後の茎葉処理剤の散布でも比較的抑えられる（巻さんと南さんは、耕耘前にラウンドアップでもイネ科雑草を抑えている）。問題は広葉雑草。薬剤も限られ、回数も限定される。

なかでもツユクサは、発生時期が遅めで、除草剤の効果が薄れたころに蔓延してくるし、地中深く根茎で増殖するため、一度増えると駆除が困難。なのに、被害がないと蔓延するまで放っておきがちな草でもある。桃野さんだけは、今のところツユクサの被害が大きくないが、どうやら他の2人より手除草をやる機会が多く、早めに対応できているからのようだ。

▼最後はバスタのウネ間散布で

巻さんの畑では、最近ツユクサ以外にもミチヤナギやタニソバなど新たな雑草が増えている。

そこでグループHでは、田植え機に専用ノズルと飛散防止カバーを取り付けた散布機をそれぞれ購入し、茎葉処理剤のウネ間散布を始めた。散布幅が4条で時間はかかるが、非選択性のバスタなどで直接雑草を狙い撃ちでき、薬害を極力避けつつやっかいな広葉雑草に対応できる。

タニソバ（石川枝津子撮影）

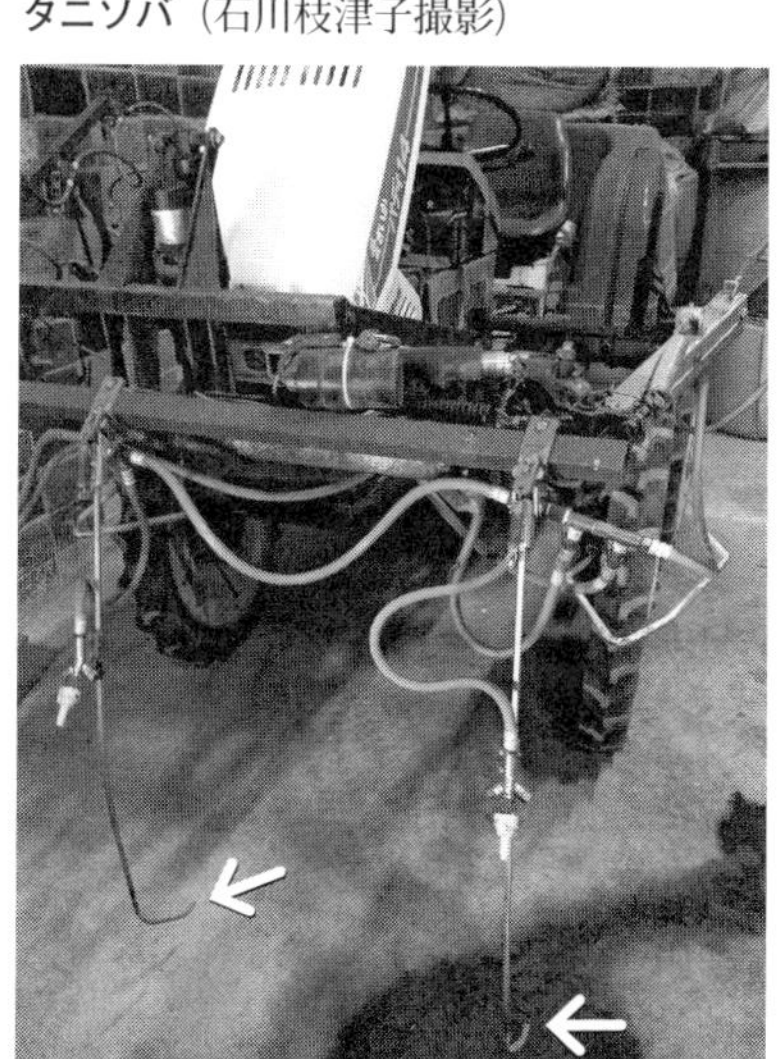

ウネ間散布用の機械。田植え機を改造したもので、矢印のノズルから薬液を散布。拡散しすぎないよう、霧状にならない粗めのノズルを選ぶのがポイント

ダイズ畑の外来雑草

蔓延させない予防のポイント

黒川俊二

外来雑草の侵入・拡散経路

最近各地のダイズ畑では帰化アサガオ類やアレチウリ、ホオズキ類など多くの外来雑草が侵入し大きな被害をもたらしています。外来雑草問題は、最初は30年前の畜産飼料畑で顕在化しました。

当時畜産飼料畑で問題となったイチビ、オオオナモミ、アレチウリ、ヨウシュチョウセンアサガオなどは、濃厚飼料の原料である輸入穀物に混入して入ってきたと考えられています。それらが飼料とともに家畜に食べられ、糞中に排出された後、堆肥やスラリーの形で飼料畑に投入されることで、飼料畑での蔓延につながったのです。

アレチウリについては、飼料畑で蔓延したものが大水などで流され、河川敷に蔓延した後にその周辺の水田地帯に拡散したと考えられています。帰化アサガオ類やホオズキ類などは飼料畑では大きな問題となっていなかったことから、飼料畑から流れてきたものかどうかはわかっていません。しかしながら、アレチウリだけでなく、イチビ、オオオナモミ、ヨウシュチョウセンアサガオなども最近ダイズ畑に侵入している場面が見られることから、畜産を介した侵入経路については今後も警戒する必要があるでしょう。

減収、品質低下……外来雑草による被害とは？

外来雑草の被害については、競合による減収、生産物への混入による品質低下などに加え、猛毒雑草の混入による人の健康被害リスクにつながる場合もあります。

生育が早く大型になるオオオナモミやイチビなど大型草種は、競合により著しい減収をもたらします。帰化アサガオ類やアレチウリといったつる性雑草の場合、収穫の際に機械作業の妨げとなって実質的に収穫がゼロになるような被害に発展する場合もあります。

ダイズの品質低下については、ホオズキ類やイヌホオズキ類などがつける液果がダイズ収穫時に混入して潰れることで、ダイズの表面にシミをつけてしまう汚損粒被害がありま す。これは茎や葉に高い水分が残ったままの雑草が混入することでも起こる被害です。

ヨウシュチョウセンアサガオなどの猛毒雑草の場合は、少量の混入でも大きな問題になる危険性があるので、畑では徹底防除が必要となります。煮豆用や納豆用などでは雑草種子が混入した場合に比較的見つけやすいかもしれませんが、加工用に用いられる場合、混入に気づかず食品として流通してしまうと大きな事故につながりかねません。ダイズの産地を守るためにも、そのような事故が絶対起きないように雑草管理を徹底する必要があるでしょう。

穀物生産国での防除をかいくぐった雑草たち

輸入穀物に混入している外来雑草には、日本の畑で防除が難しいものがほとんどです。それは、穀物生産国でさまざまな雑草防除プログラムをかいくぐった雑草だからです。そのため、主要な穀物生産国と比べて登録除草剤が少ない日本では、除草剤による防除が難しい状況となっています。

これまでいくつかの県において、帰化アサガオ類やアレチウリなど難防除外来雑草に有効な防除体系が確立されていますが、通常の除草剤の体系処理に加えて、中耕除草や非選択性除草剤のウネ間処理など、多くの防除技術を組み合わせる必要があり、手間やコストがかけられないダイズ生産現場ではまだまだ現実的ではありません。

最優先すべきは、圃場への侵入を防ぐこと

このように外来雑草は、ダイズ畑に侵入すると被害が大きく防除も難しいため、対策を立てるうえで最優先すべきは圃場への侵入を防ぐことです。そのためには圃場の中だけでなく、圃場周辺にも目を配り、新たな難防除外来雑草をいち早く見つけて退治する、という早期発見・早期対策が重要です。これは、経営体の中だけでなく、地域全体の対策でも同じです。1カ所でも地域内に難防除外来雑草が出たら、それ以上被害を拡大させないように封じ込めることが必要です。

すでに一部の圃場に難防除外来雑草が侵入している場合は、被害圃場をそれ以上増やさないことが重要です。雑草のタネは作業機械に土が付着して移動しますので、作業の順番は未侵入圃場から発生の少ない順に行なうよう心がけます。また、コンバインのゴミやクズダイズを圃場に投入して移動させてしまう危険性が

どの防除技術よりも苗立ち確保が重要

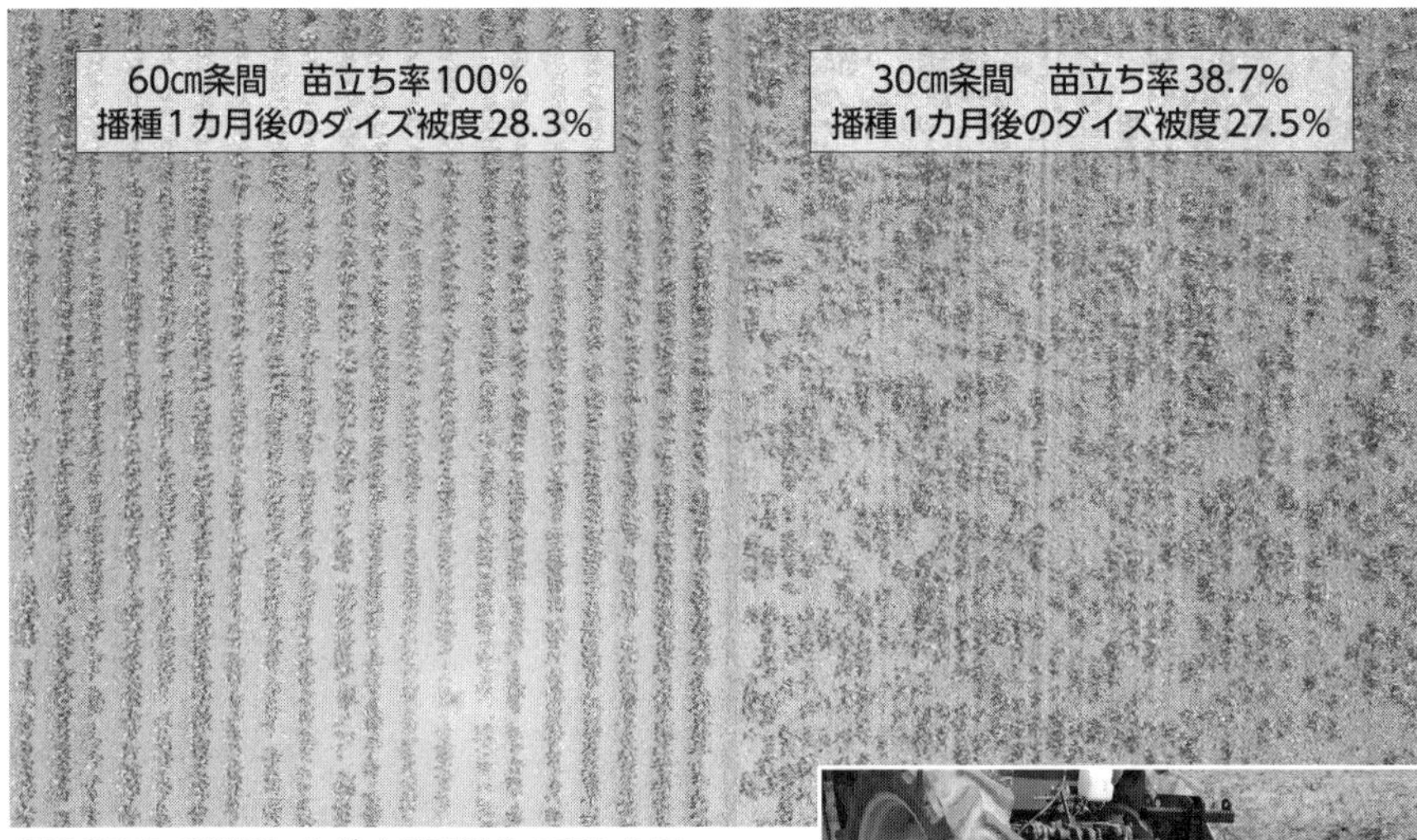

条間を変えて播種したダイズ圃場を上空から撮影。左はダブルプレート式の播種機を使用。右は別の播種機を使用したが、セッティングが悪くて苗立ち率が低かった。条間30㎝の狭畦栽培でも、苗立ちが悪いとダイズ株による被陰効果がなくなってしまう

時速5～10㎞での高速作業でも高精度で播種ができるダブルプレート式播種機（農研機構とアグリテクノ矢崎で共同開発）

初期に発生する雑草の防除ほど重要

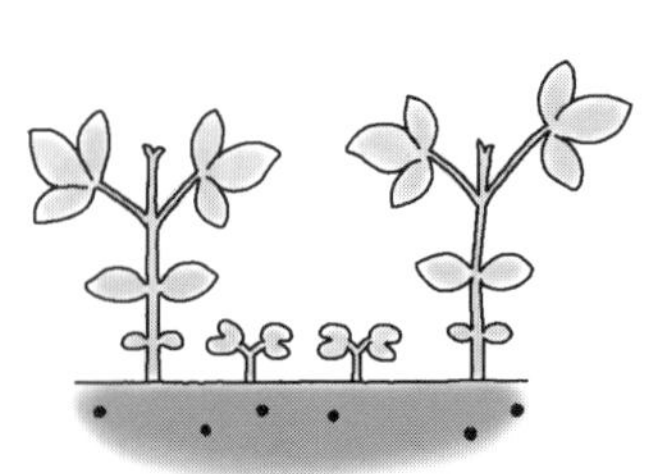

＞

雑草害

ありますので注意が必要です。

播種精度を上げ、雑草の生育を邪魔する

雑草が繁茂した圃場を見ると、必ずしも雑草の難防除性だけが原因ではない場合があります。ダイズの播種精度が低い場合や干ばつや湿害などによりダイズの苗立ちが悪いと、いくら有効な除草技術を組み合わせても雑草を抑え込むことはできません。

作物にとって雑草は邪魔な存在ですが、逆に雑草にとっては作物は最大の敵です。作物の生育を最大にすることが、雑草防除を成功させるための基本です。

大豆バサグランをできるだけ早くまく

しかしながら、作物が正常に生育している条件下でも難防除外来雑草は大きな被害をもたらします。その原因は、土壌処理剤の効果を含め初期防除の効果が低いことです。初期に発生した雑草個体ほど大きな害をもたらすので、それらをどうやって防除するかがポイントとなります。

例えば、帰化アサガオ類の防除では、①土壌処理剤、②大豆バサグラン液剤、③中耕培土、④バスタ液剤のウネ間・株間処理、といった防除体系での有効性が確認されています。しかし、タネが大きく地下深くから発芽する帰化アサガオ類に対し、土壌処理剤の安定的効果は望めないので、大豆バサグラン液剤を農薬登録上もっとも早い時期であるダイズ2葉期に処理することが最重要となります。大豆バサグラン液剤単独で完全な枯殺効果を得るのは難しいですが、そこで少しでもアサガオにダメージを与えることで、その後の中耕培土やバスタ液剤の効果が最大になります。

イネ科の畑作物への転換も有効

今後ますます規模拡大が進む中、現在こうした難防除外来雑草に対して省力・低コストの防除技術開発が進められています。そうした技術は非常に魅力的なものになるでしょう。しかし、それでもなおひとつの防除体系に依存するのは危険です。どのような体系でも必ずそれに適応した雑草が残ってくるからです。できるだけ複数の防除体系を持っておくことが重要です。

さらに広葉雑草の防除が容易なイネ科の畑作物をときどき栽培するなど、作付体系を工夫して雑草を取り巻く環境を大きく変えることで、特定の雑草が生き残る状況を回避することも可能です。

（農研機構中央農業研究センター）

アサガオ

大豆バサグランをダイズ2葉期にまいて出鼻をくじく

茨城県つくば市・関喜幸さん

覆いかぶさって上から潰す

ダイズ圃場で大問題になっている帰化アサガオ類。タネが大きく、地下深くからだらだらと発芽するため、土壌処理剤では抑えられない。茎葉処理剤の大豆バサグランも「効かねーなー」という農家が多い。

ダイズ20haのほか、ムギ20ha、水稲60haなどを耕作する茨城の関喜幸さんの圃場でも、15年ほど前から帰化アサガオが目立ち始め、収量は半減。ダイズに覆いかぶさり、上から潰して全滅、なんて圃場もあった。そこで、土壌処理剤1回、中耕培土1回の草対策を改め、多発圃場では土壌処理剤に加えて茎葉処理剤2回、中耕培土を2〜3回とし、被害を食い止めている。

初期に叩いて生育差をつける

アサガオ対策で最も大事なのは、いかに初期にダメージを与え、ダイズと雑草との生育差をつけるかだ。そこで5年ほど前からは、ダイズ3〜4葉期に散布していた大豆バサグランを登録上もっとも早い2葉期から散布するようになった。

「ちょうどアサガオの子葉が出終わった頃だね。大豆バサグランをかけたら色が薄くなって、枯れるやつもあれば、そのあと回復するやつもある」。しかし、ここでアサガオの出鼻をくじけば、光の競合でダイズが優位に立てるし、その後の中耕培土や2回目の茎葉処理剤（アタックショット）の効果も上がる。

ダイズ2葉期に出たアサガオを叩く

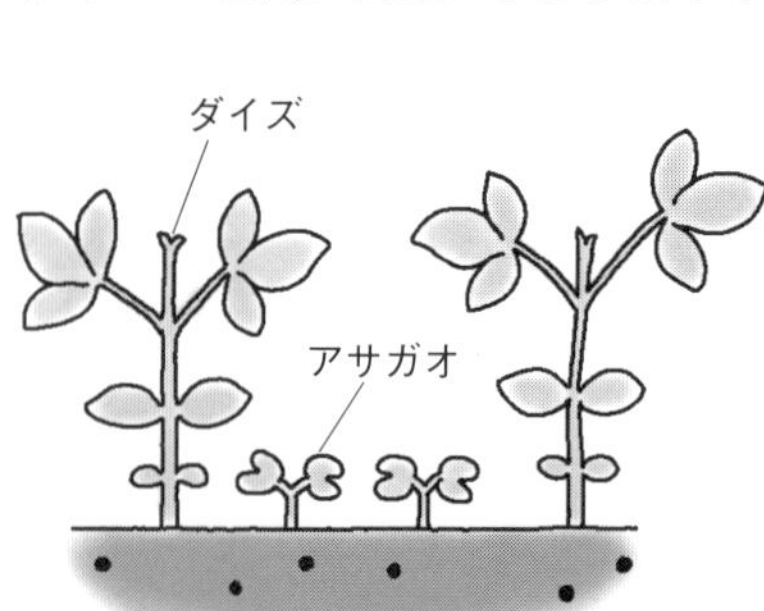

帰化アサガオに覆われたダイズ圃場

「とにかく早めに対処すること。多少残ったとしても、ダイズの頭の上にアサガオが出なければなんとかなる。頭を越されちまったら覆いかぶさって、潰されちまうから。うちは草丈の低い納豆小粒をメインでやってきたけど、エンレイとか里のほほえみとか、背の伸びが早い大粒品種のほうが有利だな」

パワーガイザーも使える

ちなみに、今年の2月に茎葉処理剤のパワーガイザーの適用が拡大された。これまでダイズの出芽直前～出芽揃期までしか全面散布できなかったが、出芽直前～3葉期まで（雑草発生始期～2葉期）となった。アサガオの発芽を少し待ってから散布できるようになったわけだ。

アサガオへの効果は大豆バサグランより低いようだが、まずはパワーガイザーでダメージを与え、その後にほかの草種を見極めながら大豆バサグランやアタックショットを散布する方法も可能となった。編

アカザ

水を弾くから、展着剤で大豆バサグランをパワーアップ

編集部

大豆バサグランは広葉雑草に広く効く茎葉処理剤だが、アカザ、シロザ、イヌビユ、ホソアオゲイトウといったヒユ科雑草やホオズキ類には効果が劣る。こちらは2018年に登録された茎葉処理剤、アタックショットのほうが効果が高いとされる。

ただ、アタックショットはメーカーと指導機関、生産者の連携が整ったところから販売地域を増やしていくというメーカー側の方針により、まだ入手できない農家もある。

そこで、裏ワザ的にアカザが多発したダイズ圃場で、大豆バサグランに展着剤（サーファクタント）を混ぜて枯らしている農家もいる。アカザは表面のクチクラ層が厚く、水を弾きやすいので、展着剤を混ぜて効きをよくしようという発想だ。ただ、除草剤にも展着剤的な成分が入っているので、サーファクタントの使用量は登録上の一番薄い濃度としているそうだ。編

アカザ（浅井元朗提供）

ムギ類

ムギの除草剤抵抗性スズメノテッポウ対策

大段秀記

除草剤抵抗性スズメノテッポウが各地で発生

九州北部では、イネ科雑草のスズメノテッポウが特異的に蔓延する麦作圃場が増えています。これは、トリフルラリン（トレファノサイドなどの主成分）やチフェンスルフロンメチル（ハーモニーの主成分）といった、今まで一般的に利用されてきた除草剤成分が効かない「除草剤抵抗性スズメノテッポウ」です。トリフルラリンが効かないもの、チフェンスルフロンメチルが効かないもの、両方が効かないものの3タイプがあります。

除草剤抵抗性スズメノテッポウが蔓延する圃場では、1㎡あたり1万本程度発生し、絨毯状に密生します。当然、ムギへの被害も大きく、最大で80％も減収した事例があります。

このようなスズメノテッポウは、福岡県、佐賀県、長崎県、熊本県、大分県での発生が確認されています。発生面積は年々拡大しており、正確な統計ではありませんが、九州北部だけでも1万ha以上の圃場で発生していると考えています。関東、中国、四国でも確認されており、すでに広範囲で発生していると考えられます。

除草剤抵抗性スズメノテッポウに効く除草剤もいくつか開発され、使えるようになりました（薬剤名：ムギレンジャー乳剤など）。しかしこれらの除草剤は、播種後に土壌処理するタイプなので、その効果は土壌や気象条件の影響を受けやすいのです。また、スズメノテッポウの発生量が極めて多い場合は、除草剤を切り替えただけでは十分に防除できない事例もありました。

そこで、除草剤抵抗性スズメノテッポウが蔓延する圃場でも効果的な総合防除技術を開発しました（左図）。

表層のスズメノテッポウをねらいうち

一般的に九州北部では、水稲収穫

後からムギを播種するまでに1カ月以上の期間があり、そのあいだに土壌表層にあるスズメノテッポウの種子の多くが発芽します。

発芽したスズメノテッポウを非選択性除草剤で枯らしておくと、表層の種子が少なくなります。スズメノテッポウは、出芽可能深度が5cmと浅いので、この状態をできるだけ崩さずにムギを播種すれば、ムギ播種後の発生量を減らすことができます。そのために、播種は浅耕播種や不耕起播種を行ないます。

播種後は、除草剤抵抗性スズメノテッポウに効果の高い除草剤を土壌処理します。

除草剤と浅耕・浅耕播種を組み合わせた方法

①浅耕で、表層にある種子をより多く出芽させる

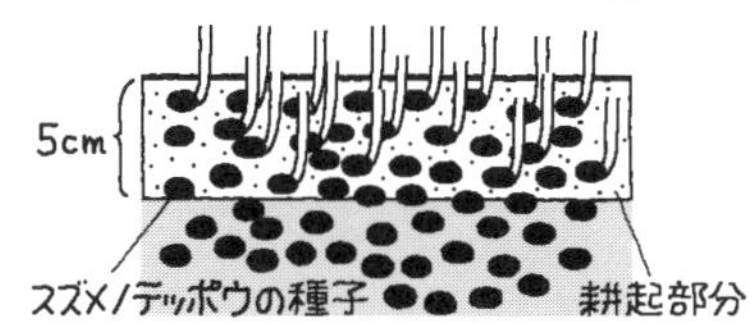

②非選択性除草剤で出芽したスズメノテッポウを枯らす

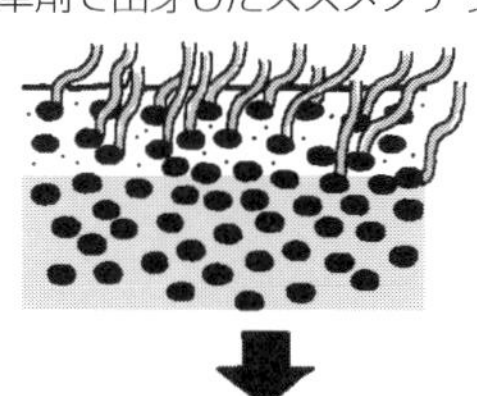

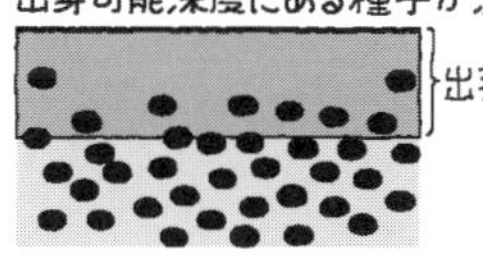

③スズメノテッポウの種子を表層に移動させないようにムギを播種

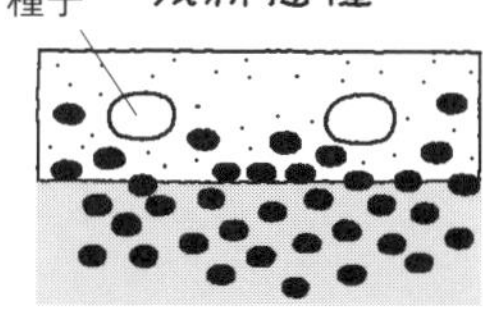

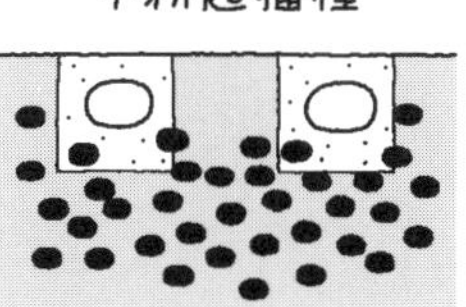

イネ収穫後の浅耕が効果的

また、ムギ播種前にできるだけ多くのスズメノテッポウを発芽させたほうが、土の中の種子量が少なくなり、播種後のスズメノテッポウ発生量をいっそう減らすことができます。

そのためには水稲収穫後、土壌が乾燥したらできるだけ早く、5cm程度の深さで浅耕します。すると土が砕かれて、表層のスズメノテッポウが発芽しやすくなります。浅耕のほうが標準的な耕起深（約12cm）よりも、土の中のスズメノテッポウの種子を多く発芽させることができます。

除草剤抵抗性スズメノテッポウを減らすには、遅播きやダイズとの輪作も効果的です。耕種的防除と除草剤の効果的な利用法を組み合わせて、除草剤抵抗性スズメノテッポウを防除してください。

（九州沖縄農業研究センター）

スリップローラーシーダーで土壌処理剤の膜がピタッと張る

編集部

富山県高岡市の中山智章さんの播種作業の様子。パワーハローで砕土した圃場をスリップローラーシーダーで鏡面のように仕上げる。補助作業員がうしろに付いて除草剤のノズルの詰まりをチェックしている（倉持正実撮影）

日本一のハトムギ産地である富山県。ハトムギはマイナー作物であるため登録農薬が非常に少なく、雑草対策は大きな課題だった。そこで、圃場をスリップローラーシーダーで鏡面仕上げし土壌処理膜をピタッと張らせる方法が考案された。除草剤の効果を最大限に引き出し、作業の効率化も兼ねた新しい耕耘体系だと、ＪＡいなばでハトムギの指導担当をしている髙田祐輔さんはいう。

スリップローラーシーダーは施肥・播種・鎮圧・除草剤散布を同時に行なえる機械だが、管内ではもともと大麦栽培に使われていた。強制駆動のローラーで土壌表面をしっかり鎮圧することで、土塊の隙間がなくなって鏡面のような仕上がりになり、土壌処理剤の膜が均一にピタッと張る。

掲載記事初出一覧　（現代農業発行年．月号）

〈第１章〉

ラベルの表面を見る／裏面を見る

除草剤の名前の話

Q 除草剤の名前って、面白いの多いですね。

Q 中身が同じ除草剤がある？

剤の種類の話

Q 土への散布と葉への散布、どこに書いてある？

Q 土壌処理剤と茎葉処理剤、どっちのほうが効く？

………………………… 以上はいずれも2020．6

土壌処理剤の使いこなしで規模拡大 …… 2016．7

Q かかっても平気な茎葉処理剤はどれ？

Q 根まで枯れるのと枯れないのがあるの？

抑草剤の話

Q「抑草剤」って、除草剤とは違うの？

剤型の話

Q 粒剤やジャンボ剤……どれが一番効くの？

Q ジャンボ剤と豆つぶ剤、どっちがラク？

Q 粒剤と乳剤は、どっちを選んだらいいの？

Q ラウンドアップマックスロードALって、パワーアップバージョン？

登録の話

Q「適用地帯」って他の地域では使えないの？

Q「家庭用」とか「非農耕地用」は、同じ成分でも畑に使っちゃダメなの？

Q「お酢」が除草剤として売ってるんだけど、本当に効くの？

Q 竹を枯らすなら、どの除草剤？

………………………… 以上はいずれも2020．6

屋敷まわりから見た農耕地・非農耕地 ……新記事

一年生雑草と多年生雑草の見分け方 …… 2020．6

よくみる一年生雑草と多年生雑草 …………新記事

〈第２章〉

散布のタイミングの話

Q 除草剤をまくのは雨の前？後？

Q 散布する時間帯はいつがいいですか？

Q「ノビエ2．5葉期」って、いつなの？

Q 気温が低いと、除草剤は効かないの？

………………………… 以上はいずれも2020．6

直売農家・村上カツ子さんと見る ……… 2017．5

倍率と散布量の話

Q なぜ「希釈倍率」が書いてないの？

Q 田んぼのアゼの面積なんてわかんない。

Q「少量散布」ってなに？

Q「除草剤専用ノズル」って、普通の防除用ノズルとどこが違うの？

展着剤の話

Q 展着剤を混ぜたほうがいいの？

Q 専用じゃない展着剤を混ぜてもいいの？

Q 展着剤は何種類くらい売られているの？

Q 展着剤を混ぜちゃいけない除草剤、ムダになる組み合わせもあるの？

Q 薬害軽減効果もあったりする？

………………………… 以上はいずれも2020．6

混用の話

Q 除草剤どうしを混ぜるのもあり？ …… 2020．6

ニンジン　露地は混用、トンネル栽培は揮発型でピシャリ ………………………… 2012．6

ビート　枯らすとともにフタをする混用技 … 2012．6

一回たったの10円の尿素で農薬が減る！ … 2010．6

除草剤に尿素を混ぜると見事に枯れる … 2020．5

ローテーション散布と「HRAC」の話

Q 除草剤が効かない雑草がある

Q 水田の除草剤は混合剤ばっかり。

Q 除草剤の「系統」や「作用機構」は、ラベルのどこに書いてあるの？

除草剤のRACコードによる分類一覧

Q ローテーション散布の具体例を教えて。

薬害と安全性の話

Q あー葉が焼けてる！　病気かな？

Q 使う前に確かめる方法はないの？

Q 堆肥に除草剤の成分が残っていて、トマトに被害が出るって聞いたけど……。

Q 一部の除草剤はヒトにも効いちゃうって本当？

………………………… 以上はいずれも2020．6

展着剤や除草剤を混ぜる順番 …………… 2018．6

〈第３章〉

イネ

青木さんの剤型別使いこなし解説 ……… 2011．6

草にあわせた散布時期と除草剤選び …… 2015．6

カメムシを安く防げる冬の除草剤散布…… 2013．12

遅播き、浅播き、早期入水で、湛水直播で除草剤一回 …………………………… 2013．5

〈第４章〉

ダイズ

土壌処理剤の選び方と使い方…………… 2017．5

外来雑草蔓延させない予防のポイント … 2019．6

アサガオ　大豆バサグランのダイズ２葉期処理………………………… 2020．5

アカザ　大豆バサグランに展着剤混用 … 2020．5

ムギ類

ムギの除草剤抵抗性スズメノテッポウ対策 ………………… 2012．9

土壌処理層の膜がピタッと張る ………… 2018．6

本書は『別冊 現代農業』2021年6月号を単行本化したものです。

撮　影
●赤松富仁
●倉持正実
●黒澤義教
●田中康弘
●皆川健次郎
●依田賢吾

※執筆者・取材対象者の住所・姓名・所属先・年齢等は記事掲載時のものです。

今さら聞けない　除草剤の話　きほんのき

2021年11月30日　第1刷発行
2024年5月20日　第6刷発行

農文協　編

発行所　一般社団法人　農山漁村文化協会
郵便番号 335-0022 埼玉県戸田市上戸田2-2-2
電話 048(233)9351(営業)　048(233)9355(編集)
FAX 048(299)2812　振替 00120-3-144478
URL https://www.ruralnet.or.jp/

ISBN978-4-540-21154-6　DTP製作／農文協プロダクション
〈検印廃止〉　印刷・製本／TOPPAN(株)

Printed in Japan　定価はカバーに表示
乱丁・落丁本はお取りかえいたします。